Annette Schmitt

Yorkshire Terrier

Premium Ratgeber

unter Mitarbeit von
Regina Wnuk

bede bei Ulmer

Inhalt

4 Basics
- 4 Von den Ursprüngen zur Reinzucht
- 9 Rassestandard
- 12 Verhalten und Charakter
- 16 Der Yorkshire Terrier heute

19 Vorüberlegungen und Anschaffung
- 19 Anforderungen an den Halter
- 23 Welpe oder erwachsener Hund?
- 26 Rüde oder Hündin?
- 30 Ein Hund aus dem Tierheim
- 32 Auswahl von Züchter und Hund
- 35 Welches Zubehör ist nötig?
- 38 EXTRA: Das richtige Hundespielzeug
- 40 Welpensicheres Zuhause

42 Haltung
- 42 Die ersten Tage daheim
- 46 Sozialisierung
- 50 EXTRA: Welpenspielplatz zu Hause
- 52 Erste Erziehungsschritte
- 68 Pflege
- 77 Ernährung
- 80 EXTRA: Elf goldene Futterregeln
- 82 Ausstellungen

Inhalt

85 Freizeitpartner Hund
- 85 Begleiter in Freizeit und Alltag
- 98 Urlaub

104 Gesundheit
- 104 Vorsorge
- 108 Bekannte Krankheitsbilder
- 112 Alternative Heilmethoden

115 Der ältere Yorkshire Terrier
- 115 Was ändert sich im Alter?
- 125 Abschied

126 Hilfreiche Adressen

127 Dank

128 Register

Basics

Von den Ursprüngen zur Reinzucht

Die Vorfahren des heutigen Yorkies waren lange in der Landwirtschaft für die Vernichtung von Ratten und anderen Nagern zuständig.

Von den Ursprüngen zur Reinzucht

Die genaue Entstehungsgeschichte des Yorkshire Terriers ist unklar, wie bei vielen anderen Rassen auch. Zwar gibt es diverse Aufzeichnungen, jedoch in ganz verschiedenen, teils sehr verwirrenden Versionen. Somit kann über Vieles nur spekuliert werden. Die Urahnen des heutigen Yorkies waren vor allem bei der ärmeren Landbevölkerung zuständig für die Vernichtung von Ratten und anderen Nagern, die als Landwirtschaftsschädlinge galten. Vom späteren Schoßhundimage der kleinen Vierbeiner konnte damals noch nicht die Rede sein, schließlich mussten sich die Hunde ihren „Lebensunterhalt" erst hart verdienen. Zudem waren die Yorkie-Vorfahren noch deutlich größer als heute. Den Grundstock für die moderne Zucht sollen etwa Mitte des 19. Jahrhunderts Textil- und Kohlengrubenarbeiter sowie Müllereibesitzer aus England und Schottland gelegt haben, die im Zuge der Industrialisierung Arbeit in Lancashire und Yorkshire fanden und dorthin auch ihre eigenen Hunde mitbrachten. Damals schufen sie aus Kreuzungen zwischen schottischen Terriern wie dem Clydesdale oder Paisley Terrier und Toy sowie Skye Terriern, Maltesern und eventuell auch Dandie Dinmont Terriern einen neuen Zwerghund, mit dessen Verkauf sie sich ein kleines Zubrot zu ihrem spärlichen Einkommen verdienten. Clydesdale und Paisley Terrier vererbten dem Yorkie das gewünschte Blau-Loh und das lange seidige Haar. Um leuchtendere Farben und einen kürzeren Rücken zu bekommen, wurden Black-and-Tan-Toy-Terrier eingekreuzt. Auch der kleine, langhaarige Waterside-Terrier, der eine blaugraue Färbung mit tanfarbenen Abzeichen aufwies, soll ein wichtiger Ahne des Yorkies sein.

Bereits ab Ende des 19. Jahrhunderts galt der langhaarige Vierbeiner als begehrter Schoßhund.

Vom zähen Schädlingsjäger zum vornehmen Damenbegleiter

Trotz ihrer geringen Größe waren die ersten Yorkshire noch echte Gebrauchshunde, die zur Rattenvernichtung und Kaninchenjagd eingesetzt wurden. Ende des 19. Jahrhunderts galt der langhaarige Vierbeiner aber schon überwiegend als begehrter Damen- und Schoßhund der aristokratischen Gesellschaft und reicher Familien des viktorianischen Zeitalters. In der zweiten Hälfte des 19. Jahrhunderts starteten diese Hunde auf Ausstellungen innerhalb der Gruppe der Scotch Terrier und der Klasse für Hunde mit einem Gewicht von etwa sieben englischen Pfund unter dem Namen „Yorkshire Terrier". Anfänglich wurden den Ausstellungshunden die Ohren kupiert.

Basics

Mr. Peter Eden aus Manchester gelang es innerhalb von drei Jahrzehnten, eine gefestigte Rasse zu züchten.

Nach dem Kupierverbot begannen die Züchter schließlich systematisch Stehohren zu züchten. Schon bald machte man auch um den richtigen Look der Yorkies einen echten Kult. So war es üblich, die dunklen Fellpartien der Hunde mit Graphit, Wasserblei oder Schuhcreme nachzufärben. 1904 schrieb Gompton über den Show-Yorkie: „Wenn du wirklich an die Spitze dieser Rasse gelangen willst, dann musst du so etwas Ähnliches wie ein guter Friseur sein." Eine Tatsache, die auch heute noch gilt.

Der moderne Yorkie nimmt Gestalt an

Als Stammvater des heutigen Yorkshire Terriers gilt der 1865 geborene „Huddersfield Ben", gezüchtet von Mr. W. Eastwood in Huddersfield. Der Rüde hatte seinerzeit den Ruf, einer der erfolgreichsten Rattenkiller in den Rat-Pits (= englische Kneipen, in denen das Rattenfangen als Volksbelustigung stattfand) zu sein. Zudem machte er sich einen Namen als gefeierter Ausstellungschampion und begehrter Deckrüde. Obwohl er einen relativ großen und schweren Körperbau aufwies, brachte er etliche, deutlich kleinere Nachkommen mit sehr langem Fell hervor. Seine Besitzerin Mrs. M. A. Forster war eine der bedeutendsten Förderinnen der Rasse. Ben entstammte bereits einer zielgerichteten Linienzucht. 1894 wurde der erste Yorkie im Zuchtbuch des Kennel Clubs registriert. Mit der stetig steigenden Beliebtheit der Rasse züchtete man die Hunde immer kleiner. Schon damals galten Yorkies über acht Pfund eher als Seltenheit. Diese zunehmende Verzwergung konnte nur durch gezielte Selektion erreicht werden, denn Miniatur-Hunde anderer Rassen standen den Züchtern kaum zur Verfügung. 1898 gründete sich ein erster Yorkshire Terrier Club in Leeds. Im selben Jahr erkannte der Kennel Club die kleinen Vierbeiner als Rasse mit eigenem Standard, der noch heute fast unverändert gültig ist, an. Als einer der bedeutendsten Züchter im großen Stil gilt Mr. Peter Eden aus Manchester. Innerhalb von dreißig Jahren gelang es ihm, eine gefestigte Rasse zu züchten, wobei er stets auf einen kleinen Wuchs (unter fünf Pfund), schöne Farben und langes, seidiges Haar Wert legte. An dem von Eden geschaffenen Typ des Yorkies hat sich bis heute nicht viel geändert, daher wird Mr. Eden auch häufig als der Erfinder des (modernen) Yorkshire Terriers genannt.

Der Yorkshire Terrier erobert Deutschland

In Deutschland sah man bereits 1882 auf einer internationalen Ausstellung in Hannover Yorkies aus England. Die Ehefrau des bekannten Hundezüchters Max Hartenstein aus Plauen hatte die ersten Terrier nach Deutschland eingeführt und auch gezüchtet. Nähere Aufzeichnungen hierzu fehlen leider. Die ersten Yorkshire-Eintragungen erfolgten 1912 im Zwerghundezuchtbuch. Seit 1939 wird die Rasse durch den Klub für Terrier e. V. betreut. Zu dieser Zeit begann hierzulande die eigentliche Zucht. Der Rittmeister Lindner aus Oberschreiberhau in Schlesien galt als einer

Von den Ursprüngen zur Reinzucht

der ersten Züchter, der seinen Zwinger mit fünf Hündinnen führte. Während des Krieges und in der Nachkriegszeit fristete der Yorkie in Deutschland eher ein Schattendasein. Zu richtiger Popularität gelangten die Hunde in den späten 1960er- und frühen 1970er-Jahren. Bereits 1979 führte der Yorkshire mit 1764 Eintragungen zahlenmäßig das Zuchtbuch aller dem KFT angeschlossenen Rassen an.

Nachteile einer Modezucht

Diese sprunghaft gestiegene, hohe Nachfrage brachte auch Nachteile mit sich, die jede Moderasse zu spüren bekommt. Zunächst variierte die Größe der Yorkies noch sehr stark. Phantasienamen wie Mini-, Tea-Cup- oder Toy-Yorkshire-Terrier kamen auf, um extrem kleine Varianten interessant zu machen, allerdings natürlich für einen wesentlich höheren Kaufpreis. Das Geschäft von dubiosen Schwarzzuchten und Hundehändlern blühte.

Eine Rasse mit diversen Namen

In den Anfängen der Reinzucht war auch der Yorkshire Terrier zunächst unter verschiedenen Namen bekannt. So verhalf ihm beispielsweise seine blaugraue Fellfarbe zu der Bezeichnung „Linty Terrier" (= leinenfarbiger Terrier) oder auch „Blue Scotch Terrier". Nach den Hauptzuchtorten hieß er „Halifax Terrier", „Blue Halifax Terrier" oder „Glasgow Terrier". Aufgrund seiner geringen Größe nannte man ihn zudem „Longhaired Toy Terrier" oder „Rough" oder „Brokenhaired Toy Terrier". Auch der Begriff „Blue-fawn Terrier" war eine zeitlang geläufig. Die Bezeichnung „Yorkshire Terrier" setzte sich Mitte des 19. Jahrhunderts durch. Die offizielle Anerkennung der Rasse unter diesem Namen erfolgte jedoch erst 1886 durch den Kennel Club.

Hierzulande wurde der Yorkshire Terrier in den 1960er-/70er-Jahren ausgesprochen populär.

Basics

Die Beliebtheit des Yorkies ist bis heute ungebrochen.

Dadurch litt die Gesundheit der Hunde teilweise enorm. Beispielsweise trat oft ein offenes Schädeldach (persistierende Fontanelle) aufgrund der übertriebenen Zwergzucht auf.

Erst 1886 wurde der Yorkshire Terrier als Rasse offiziell anerkannt.

Auch Geburtschwierigkeiten der sehr kleinen Zuchthündinnen kamen gehäuft vor. Innerhalb der FCI ist dieses Problem heute weitgehend behoben. Die Schulterhöhe der Hunde liegt bei etwa 24 cm, das Gewicht muss laut Standard über 2 kg liegen, um gesundheitliche Risiken aufgrund einer zu starken Verzwergung weitgehend auszuschließen. Es sollte das Bestreben verantwortungsvoller Züchter sein, mit dem Yorkie kein lebendiges Spielzeug, sondern einen echten, unerschrockenen, kleinen Terrier von gesunder Größe und kompaktem, kernigen Körperbau zu züchten.

Nach wie vor zählt der Yorkshire Terrier zu den beliebtesten und attraktivsten Kleinhunden überhaupt, obwohl die Welpenzahlen innerhalb des VDHs in den letzten zehn Jahren um knapp 700 Eintragungen zurückgingen. Dennoch wurden im Jahr 2011 606 Welpen registriert.

Rassestandard

Der Yorkie gilt als reger und intelligenter Zwerg-Terrier.

Im Standard ist festgehalten, wie ein perfekter Hund einer Rasse auszusehen hat. Aber auch ein kurzer Einblick in Veranlagung und Wesen wird hier gegeben. Der nachfolgend abgedruckte FCI-Rassestandard ist seit April 2004 gültig und lautet in allen FCI-Mitgliedsländern gleich.

FCI-Standard Nr. 86/22.02.2012/D

Übersetzung Wiebke Steen. Ergänzt und überarbeitet von Christina Bailey

Ursprung Großbritannien
Datum der Publikation des gültigen Originalstandards 10.11.2011
Verwendung Gesellschaftshund.

Klassifikation FCI Gruppe 3 Terrier, Sektion 4 Zwerg Terrier, ohne Arbeitsprüfung.

Kurzer geschichtlicher Abriss Der Yorkshire Terrier kommt von der gleichen Gegend wie der Airdale Terrier und wurde zum ersten Mal um 1850 gesehen. Der alte Englische Toy Terrier, Schwarz und Loh, ist ein Vorfahre des Yorkshire Terriers, zusammen mit anderen Rassen wie dem Malteser und dem Skye Terrier. Der heutige Name wurde in 1870 akzeptiert. Die terrierhaften Eigenschaften dieser Rasse beinhalten auch den Jagdinstinkt entweder nach einem Spielzeug im Haus oder einem Nagetier im Garten.

Allgemeines Erscheinungsbild Langhaarig, das Haar hängt glatt und gleichmäßig beiderseits herab, ein Scheitel reicht von der Nase bis zur Rutenspitze. Sehr kompakt und adrett, aufrecht in der Haltung und ein Fluidum von „Wichtigkeit" ausstrahlend..

Wichtige Proportionen Die Konturen sollen einen kernigen und gut proportionierten Körper erkennen lassen.

Verhalten und Charakter Reger und intelligenter Zwerg-Terrier. Lebhaft bei ausgeglichenen Wesensanlagen.

Basics

Der Körper des Yorkies ist kompakt, der Rücken eben. Die Rute darf in Deutschland seit dem 1. Juni 1998 nicht mehr kupiert werden.

Kopf – Oberkopf
Schädel Ziemlich klein und flach, Schädel nicht auffallend oder gerundet.

Gesichtsschädel
Nasenschwamm Schwarz.
Fang Nicht zu lang.
Kiefer/Zähne Perfektes, regelmäßiges und vollständiges Scherengebiss, wobei die obere Schneidezahnreihe ohne Zwischenraum über die untere greift und die Zähne senkrecht im Kiefer stehen.
Augen Mittelgroß, dunkel, glänzend, mit wachsamem, intelligentem Ausdruck und so platziert, dass sie geradeaus blicken. Nicht hervorstehend. Augenlider dunkel.
Ohren Klein, V-förmig, aufrecht getragen, nicht zu weit auseinander stehend, mit kurzem Haar von satter, kräftiger Tan-Farbe bedeckt.

Hals
Von guter Länge.

Körper
Kompakt.
Rücken Eben.
Lenden Gut durch Muskeln gestützt.
Rippen Mäßig gewölbt.
Rute Früher üblicherweise kupiert.
Kupiert Von mittlerer Länge, reich mit Haar bewachsen, das dunkler blau ist, als das restliche Körperhaar, insbesondere am Rutenende. Etwas oberhalb der Rückenlinie getragen.
Unkupiert Reich mit Haar bewachsen, das dunkler blau ist, als das restliche Körperhaar, insbesondere am Rutenende. Etwas oberhalb der Rückenlinie getragen. So gerade wie möglich. In ihrer Länge zur Harmonie der Gesamterscheinung beitragend.

Gliedmaßen
Vorderhand Läufe gerade, gut mit Haar von sattem goldenem Tan bedeckt, wobei die Haarspitzen etwas heller schattiert sind als die Haarwurzeln. An den Vorderläufen darf das Tan nicht höher als bis zu den Ellenbogen reichen.
Schultern Gut gelagert.
Unterarm Gerade.
Vorderpfoten Rund; schwarze Krallen.
Hinterhand Von hinten betrachtet sind die Läufe ganz gerade, gemäßigte Winkelung der

Den Welpen sieht man die spätere üppige Haarpracht noch gar nicht an.

Rassestandard

Das Gangwerk ist frei und mit viel Schub; seine Bewegung in Vor- und Hinterhand ist geradeaus gerichtet, bei ebener Rückenlinie.

> ### Fehlender Fellwechsel
> *Da die Haare beim Yorkshire Terrier kontinuierlich wachsen und zudem keine Unterwolle vorhanden ist, hat die Rasse keinen Fellwechsel, die Hunde haaren also nicht. Deshalb ist der Yorkie auch für Allergiker geeignet. Bei den meisten Yorkshire Terriern stoßen sich die Haarspitzen am Boden ab, sodass die Haare nicht unendlich lang werden. Je nach Bedarf kann man das Fell eines Yorkies von Zeit zu Zeit aber auch etwas schneiden.*

Kniegelenke; gut mit Haar von sattem, goldenem Tan bedeckt, wobei die Haarspitzen etwas heller schattiert sind als an der Haarwurzel. Das Tan darf nicht höher als bis zu den Kniegelenken reichen.
Knie Mäßig gewinkelt.
Hinterpfoten Rund, schwarze Krallen.
Gangwerk Frei und mit viel Schub, geradeaus gerichtete Bewegung in Vor- und Hinterhand, bei ebener Rückenlinie.

Haarkleid
Haar Körperhaar von mittlerer Länge, völlig gerade (nicht wellig), glänzend; von feiner seidiger Textur, nicht wollig, darf niemals die Bewegung beeinträchtigen. Das herabhängende Haar am Kopf und Fang („fall") ist lang, hat eine satte, goldene Tan-Farbe; dabei in der Farbe intensiver seitlich am Kopf, am Ohrenansatz und am Fang, wo es besonders lang sein sollte. Die Tan-Farbe am Kopf darf sich nicht in den Nacken ausbreiten; sie darf nicht rußig oder mit dunklem Haar vermischt sein.
Farbe Dunkles Stahlblau (nicht Silberblau) erstreckt sich vom Hinterhauptbein bis zum Rutenansatz, keinesfalls vermischt mit falbfarbenem, bronzefarbenem oder dunklem Haar. Das Haarkleid an der Brust hat ein volles, helles Tan. Alle tanfarbenen Haare sind an der Wurzel dunkler als in der Mitte und werden zur Spitze hin noch heller.

Gewicht
Gewicht bis 3,2 kg.

Fehler
Jede Abweichung von den vorgenannten Punkten sollte als Fehler angesehen werden, dessen Bewertung in genauem Verhältnis zum Grad der Abweichung stehen sollte und dessen Einfluss auf die Gesundheit und das Wohlbefinden des Hundes zu beachten ist.

Ausschließende Fehler
- Aggressive oder übermäßig ängstliche Hunde.
- Hunde, die deutlich physische Abnormalitäten oder Verhaltensstörungen aufweisen, müssen disqualifiziert werden.

Nachbemerkung
Rüden müssen zwei offensichtlich normal entwickelte Hoden aufweisen, die sich vollständig im Hodensack befinden.

Verhalten und Charakter

Der Yorkie ist kein Schoßhündchen, sondern ein echter Terrier, der unglaublich wachsam und mutig ist.

Verhalten und Charakter

Aufgrund seiner geringen Größe und der langen, hübsch frisierten Haarpracht wird der Yorkshire Terrier häufig nicht als richtiger Hund ernst genommen. Lernt man den kleinen Vierbeiner doch einmal genauer kennen, stellt man schnell fest, dass auch in diesen Winzlingen ganze Kerle stecken, die liebenswert, aufgeweckt und selbstbewusst sind wie die Großen, nur eben platzsparender. Der Yorkie steht größeren Hunden in nichts nach. Trotz seines Schoßhundimages ist er ein echter Terrier. Er ist unglaublich wachsam und mutig, sodass Einbrecher keine Chance hätten, unbemerkt in ein Yorkshire-Heim zu gelangen. Auch gegenüber seinen Leuten kann er einen enormen Beschützerinstinkt an den Tag legen, der auf den ersten Blick zwar vielleicht niedlich wirkt, dem aber doch erziehungstechnisch entgegengewirkt werden sollte. Fremden gegenüber ist der haarige Vierbeiner erst einmal eher zurückhaltend. Aufgrund der enormen Wachsamkeit des Zwerges kann sich ein Yorkie durchaus zum Kläffer entwickeln. Diese Bellfreudigkeit lässt sich aber auch gut mit einer entsprechenden Erziehung und Auslastung eindämmen.

Bonsai-Terrier mit Divenqualitäten

Zwar sucht der langhaarige Zwerg immer die Nähe zu seinen Menschen und ist sehr verschmust, trotzdem aber sollte er nicht zum aufgestylten, dekadenten Schoßhund degradiert werden. Ausgesprochen wichtig ist von Anfang an eine gute Sozialisierung mit Artgenossen, denn Yorkies sind sich ihrer geringen Größe absolut nicht bewusst. Daher kann das Zusammentreffen mit anderen Hunden nicht immer einfach sein. Oft fühlen sich die Zwerge provoziert und wollen dann selbst einen Streit anzetteln. Dieser Hang zum Größenwahn kann dem kleinen Vierbeiner schnell zum Verhängnis werden. Der Besuch einer Welpen-

Im Freien kann der Yorkshire Terrier so richtig aufdrehen. Das temperamentvolle Energiebündel braucht seinen täglichen Auslauf.

spielstunde und auch spätere, häufige Hundekontakte sind also unbedingt ratsam. Im Haus zeigt sich der Yorkie sehr anschmiegsam und menschenbezogen, im Freien jedoch kann er so richtig aufdrehen. Täglicher angemessener Auslauf ist für das temperamentvolle Energiebündel äußerst wichtig. Hierbei ist der Yorkshire sehr ausdauernd und zäh, daher stellen selbst längere Wanderungen oder Bergtouren kein Problem für ihn dar.

Trotz seiner Größe ist eine liebevolle, konsequente Erziehung wie bei einem großen Hund ein absolutes Muss, ansonsten kann Ihnen selbst so ein Zwerg ganz schön auf der Nase herumtanzen und zum Familientyrann werden. Er versteht es sehr gut, inkonsequente Halter mit viel Charme und Raffinesse um den Finger zu wickeln. Ein Yorkshire kann sein Terriererbe nicht verleugnen und hat durchaus seinen eigenen Kopf, den er auch immer wieder mal durchsetzen will. Deshalb wird er nie wie am Schnürchen folgen. Geht es nicht nach seiner Vorstellung, mimt er auch die beleidigte Leberwurst. Manche Hunde haben hier sogar echte Divenqualitäten, die Sie am besten mit einem leichten Augenzwinkern zur Kenntnis nehmen. Grundsätzlich ist es sehr wichtig, den winzigen Knirps nicht zu verhätscheln,

Basics

Ganz schön clever: Alle Yorkies wissen genau, wie sie ihre Menschen überlisten können und vor allem, was sie mögen und was nicht.

obwohl er sich natürlich gerne verwöhnen lässt. Doch nur wenn er wie ein großer Hund behandelt wird, kommt sein wahres, ursprüngliches Wesen voll und ganz zur Geltung.

Einfühlsamer Charakterhund

Der Yorkshire Terrier ist ein echter Charakterhund und so ist auch jeder Yorkie ein ganz eigenes, einmaliges Individuum. Beispielsweise gibt es Vertreter, die sich sehr gerne im Freien aufhalten und bei jedem Wetter ihre täglichen, langen Spaziergänge einfordern. Andere wiederum sind eher Sommerhunde, die Schmuddelwetter verabscheuen und dann nicht einmal mit ihrem Lieblingsspielzeug oder einem guten Leckerli hinter dem Ofen hervorgelockt werden können.

Bekannt sind die intelligenten Zwerghunde für ihr großes Einfühlungsvermögen in die Stimmungslagen ihrer Halter. Sie merken sofort, wenn jemand traurig oder nicht gut drauf ist und suchen häufig gerade dann die Nähe zu ihrem Menschen. Zudem spüren sie schnell, wer sie ernst nimmt und wer nicht. Einige Hündinnen geben sich wie echte Damen und entpuppen sich manchmal sogar als kleine Zicken. Grundsätzlich haben es alle Yorkies faustdick hinter ihren Öhrchen. Blitzschnell

Der kleine Terrier kann bis ins hohe Alter fit und verspielt sein. Auch bringt er seinen Menschen liebend gerne zum Lachen.

Verhalten und Charakter

können die cleveren Vierbeiner ihre Menschen überlisten, außerdem zeigen sie recht deutlich, was sie mögen und was nicht.

Unterschätzter Springinsfeld im Zwergformat

Bei richtig erfolgter Prägung sind Yorkshire Terrier neugierig und aufgeschlossen für alles und jeden. Mutig und angstfrei erkunden sie ihre Umwelt. Sie haben ein äußerst fröhliches Wesen, das ansteckt. Rassetypisch ist ihre unendliche Treue ihren Menschen gegenüber und ihre hervorragende Anpassungsfähigkeit. Der pfiffige Zwerg liebt Streicheleinheiten und sucht ständig nach Anerkennung und Bestätigung. Obwohl er niemals aufdringlich wird, hat er doch gewisse Tricks auf Lager, um die Aufmerksamkeit seiner Zweibeiner zu erlangen.

Kinder liebt der temperamentvolle Vierbeiner in der Regel sehr, vorausgesetzt natürlich Hund und Kinder werden zu einem richtigen Verhalten und Umgang miteinander angeleitet. Daher eignet er sich perfekt als Familienhund. Bis ins hohe Alter zeigt sich der vierbeinige Kobold vital und verspielt. Er scheint einen echten Sinn für Humor zu haben, deshalb sollten auch seine Halter keine allzu steifen Spaßbremsen sein.

Etliche Yorkie-Fans vertreten die Meinung, zwei Hunde seien besser als einer. Die Paar- oder gar Rudelhaltung ist bei solch kleinen Vierbeinern natürlich einfacher durchzuführen als bei großen Hunden, zumal die Rasse untereinander sehr verträglich ist. Zu mehreren gehalten bleiben die netten Terrier auch besser allein, denn eigentlich sind sie am liebsten überall mit dabei.

Wie viele andere Zwerghundebesitzer müssen auch Yorkshire-Halter bezüglich „ihrer" Rasse manchmal ein dickes Fell haben, denn es kann vorkommen, dass sie mit ihren Hunden belächelt werden. Dies hat der Yorkie absolut nicht

Gerne wird der Yorkshire Terrier aufgrund seiner Größe unterschätzt: Er ist ein Charakterhund mit voll ausgeprägtem hündischem Verhalten.

verdient, denn jeder der sich ernsthaft mit dem Mini-Terrier befasst, wird schnell positiv überrascht und neugierig auf mehr sein. Schließlich ist der Yorkshire Terrier kein langweiliges Modepüppchen, sondern eine selbstbewusste Sportskanone im praktischen Kleinformat.

Kleiner Kerl mit großer Persönlichkeit

Bei einem Yorkshire Terrier macht nicht die Körpermasse den Hund aus, sondern seine besondere Charakterstärke. Obwohl der Vierbeiner so klein ist, zeigt er ein voll ausgeprägtes ursprüngliches hündisches Verhalten. Um einen wirklich wesensstarken, gesunden und robusten Hund zu bekommen, ist es wichtig ihn bei einem seriösen und verantwortungsvollen FCI-Züchter zu erwerben. Hier gelten strenge Auflagen, die nur Hunde zur Zucht zulassen, die physisch und psychisch völlig gesund sind. Eine Schulterhöhe von etwa 24 cm und ein Mindestgewicht von 2 kg sind in solchen Zuchten Pflicht.

Der Yorkshire Terrier heute

Der Yorkie zählt zu den beliebtesten Familien- und Begleithunden – und das nicht ohne Grund.

Der Yorkshire Terrier heute

Der Yorkshire Terrier gilt heutzutage als einer der beliebtesten und attraktivsten Familien- und Begleithunde. Mit seiner liebenswerten, anpassungsfähigen Art fühlt er sich in einem Singlehaushalt genauso wohl wie in einer Familie mit Kindern. Wie bereits erwähnt, ist auch eine Paar- oder Rudelhaltung mit seinesgleichen unkompliziert und daher sehr beliebt. Für rüstige Senioren oder Menschen mit körperlicher Behinderung ist der sanfte Vierbeiner ebenfalls gut geeignet. Allein lebende Personen kommen durch das nette Wesen des Yorkies leicht mit anderen Leuten ins Gespräch. Somit knüpfen sie mithilfe des Hundes schneller Kontakte und fühlen sich weniger einsam. Ein Einpersonenhaushalt ist mit einem Yorkshire Terrier nie leer und still, denn der kleine Kerl bringt trotz seiner geringen Größe viel Leben in die Bude. Außerdem hängt er so an seiner Bezugsperson, dass er ihr überallhin wie ein Schatten folgt. An der Seite eines Yorkies kann man sich also eigentlich gar nicht einsam fühlen.

Die kleinen Terrier haben ein überschäumendes Temperament, lieben Wanderungen oder

Die pfiffigen Terrier haben Power: Sie lieben Wanderungen oder flotte Hundesportarten wie Mini-Agility.

Mit seiner liebenswerten, anpassungsfähigen Art fühlt sich der Yorkie in einem Singlehaushalt genauso wohl wie in einer Familie mit Kindern.

Prominenter Yorkie-Fan

Einer der bekanntesten Yorkie-Fans war sicherlich der Münchner Modezar Rudolph Moshammer. Seine Hündin Daisy war bei allen Auftritten ihres berühmten Herrchens mit dabei. Diese stete Präsenz des kleinen Vierbeiners in der Glamour- und Jet-Set-Welt unterstrich das zweifelhafte Schoß- und Handtaschenhunde-Image aller Yorkies, schließlich wurde die Hundedame auch meistens auf dem Arm getragen präsentiert. Dass Daisy aber auch nur ein ganz normaler Hund war, stellte sie gleich am Anfang ihrer „Karriere" als Mosis ständige Begleiterin klar: Bei ihrer ersten Begegnung mit dem Modezar hinterließ sie sofort ein Pfützchen auf dem Veloursteppich von Moshammers Nobelboutique. Damals hieß die Hündin auch noch nicht Daisy, sondern trug den von der Züchterin ausgewählten Namen Irina.

Basics

Die Yorkies sind an einer Kuschelrunde zwischendurch natürlich auch nie abgeneigt.

flotte Hundesportarten wie Mini-Agility oder Turnierhundesport. Auch Dogdancing, Mobility oder Trickdogging macht Yorkies großen Spaß, denn sie sind äußerst intelligent und lernen bei der richtigen Motivation gut und gerne. Trotzdem ist der vierbeinige Knirps auch mal mit weniger Action zufrieden. Einfache Spaziergänge, die allerdings mehrmals täglich sein müssen, reichen ihm natürlich auch. Beschäftigungsvorlieben zeigt der pfiffige Kerl seinen Leuten genau. Schnell merkt man, was er mag und was nicht.

Wegen seiner Feinfühligkeit, Menschenfreundlichkeit und seines liebenswerten, souveränen Auftretens ist der intelligente Vierbeiner außerdem ein sehr guter und einfühlsamer Therapiehund. Altenheime, Krankenstationen oder Einrichtungen für Behinderte, die jemals einen Yorkie kennengelernt haben, möchten seine fröhliche, herzerfrischende Art nicht mehr missen. Vor allem Kinder, aber auch Senioren in Heimen finden im sanften Yorkshire einen liebevollen und zarten Seelentröster, wenn es darauf ankommt, aber auch einen lustigen Clown, der gekonnt von Alltagsproblemen und Krankheiten ablenkt. Der Yorkshire Terrier ist also im Familien- und Begleithundesektor ein richtig guter Allrounder.

Vorüberlegungen und Anschaffung
Anforderungen an den Halter

arf Ihr Kleiner in den Garten, ist ein
takter Gartenzaun wichtig, um zu ver-
ndern, dass er alleine spazieren geht.

Fragen, die vorab zu klären sind

Die Anschaffung eines Yorkshire Terriers muss gut überlegt werden, schließlich liegt seine durchschnittliche Lebenserwartung bei etwa 12 Jahren. Können Sie über Jahre hinweg für sämtliche Kosten, die der Vierbeiner mit sich bringt, aufkommen?
Bedenken Sie, dass nicht nur die Grundausstattung und der Erwerb des Hundes selbst teuer sind, auch die tägliche Futterration ist auf Dauer nicht billig. Zusätzlich müssen Sie eine Haftpflichtversicherung sowie regelmäßige Impfungen und Entwurmungen finanzieren. Obwohl die Rasse allgemein sehr robust und wenig krankheitsanfällig ist, kann Ihr Vierbeiner doch schnell unvorhergesehen erkranken, unter Umständen sind sogar langwierige und teure tierärztliche Behandlungen nötig.

Vorüberlegungen und Anschaffung

Bedenken Sie unbedingt ...

Schaffen Sie den Hund nicht für Ihre Kinder an, sondern für sich: Schnell verlieren Kinder das Interesse oder gehen, flügge geworden, aus dem Haus. Sie müssen voll und ganz hinter einer Hundeanschaffung stehen, denn die Hauptarbeit bleibt unter Umständen bald an Ihnen hängen.

Hinterfragen Sie außerdem, ob die äußeren Gegebenheiten stimmen. Leben Sie in einem Heim mit Garten ist ein intakter Gartenzaun wichtig, damit sich Ihr Yorkie nicht plötzlich unerlaubt davonmacht. Mit einem guten Zaun kann sich der Vierbeiner auch unbeaufsichtigt draußen aufhalten, ohne zu entwischen.

Stellen Sie sich als zukünftiger Hundebesitzer außerdem darauf ein, dass ein vierbeiniger Mitbewohner, vor allem ein Langhaariger wie der Yorkshire Terrier, viel Dreck ins Haus bringt. Von Vorteil ist allerdings der fehlende Haarwechsel der Rasse. Andererseits benötigt das lange Haarkleid sehr viel Pflege. Weil Yorkshire Terrier menschenähnliches Haar haben, werden Haut und Haare nach ein paar Wochen fettig. Daher muss der hübsche Vierbeiner öfter mit einem milden Hundeshampoo gebadet werden. Zudem ist tägliches Bürsten und Kämmen angesagt. Natürlich kann der temperamentvolle Zwerg auch einen praktischen Kurzhaarschnitt bekommen, doch selbst diesen müssen Sie pflegen.

Erkundigen Sie sich bei Ihrem Vermieter, ob er mit der Anschaffung eines Hundes einverstanden ist. Klären Sie auch, ob Sie den Hund, bei längerer Abwesenheit aller anderen Familienmitglieder und keinem dann verfügbaren Hundesitter, mit ins Büro nehmen dürfen. Der menschenbezogene Vierbeiner bleibt nicht gerne allzu lange allein, obwohl er bei entsprechender Gewöhnung durchaus drei bis vier Stunden gesittet daheim wartet.

Sind Sie in zukünftigen Urlauben mit Hund gewillt, eventuelle Abstriche, Zielort und Unternehmungen betreffend, zu machen? Möchten Sie ohne Vierbeiner verreisen, überlegen Sie vorab, ob Sie einen lieben Hundesitter an der Hand hätten oder eine gute Hundepension bezahlen können.

Rassebedürfnisse

Passen die finanziellen und äußeren Gegebenheiten optimal zu einer Hundeanschaffung, überlegen Sie sich gut, ob Sie auf Dauer, das heißt ein Hundeleben lang, genügend Zeit und Lust haben, den Ansprüchen eines Yorkies gerecht zu werden. Die meisten Vertreter sind temperamentvolle Energiebündel, die ihre Sportlichkeit gerne ausleben. Aber auch gemütlichere Yorkshire brauchen ihre täglichen Spaziergänge bei jedem Wetter. Dabei muss der Vierbeiner auch die Möglichkeit haben, sich richtig auszupowern und darf nicht nur an der kurzen Leine geführt werden.

Aufgrund seiner hohen Anpassungsfähigkeit, fühlt sich der pfiffige Vierbeiner eigentlich bei

Anforderungen an den Halter

Der Yorkie ist ein selbstbewusstes Schlitzohr, das gerne im Mittelpunkt steht.

kranken Vertretern ein schützendes Mäntelchen nötig sein. Auch ein Kürzen des Fells ist im Winter häufig notwendig, damit sich keine störenden und schmerzhaften Schneeklumpen bilden, die dem kleinen Vierbeiner das Laufen vermiesen. Die Fellpflege ist bei dieser Rasse besonders aufwendig. Eine Tatsache, die Sie ebenfalls schon vor einer Anschaffung bedenken sollten. (siehe Seite 68 „Die wichtigsten Pflegemaßnahmen sind nötig?")

Hin und wieder legt der Yorkshire Terrier einen ziemlichen Sturkopf an den Tag. Stimmt allerdings die Chemie zwischen Ihnen und Ihrem Zwerg, wird es (fast) nichts geben, was der treue Vierbeiner nicht für Sie tut.

Auf einen äußerlich schon durch seine Haarpracht auffallenden Hund wie den Yorkie, jedem Hundeliebhaber wohl, der einfühlsam, liebevoll und konsequent auf sein kleines Terrierköpfchen eingeht. Wegen seiner geringen Größe kann der Yorkshire bei genügend Auslauf auch gut in einer Stadtwohnung gehalten werden.

Der Yorkie ist ein selbstbewusster Charakterhund, der viel Action mag und gerne im Mittelpunkt steht. Ist dies nicht auf Anhieb der Fall, sorgt er gekonnt selbst dafür. Schon Yorkshire-Welpen sind ausgeprägte Individualisten, die viel Aufmerksamkeit und Zuwendung brauchen. Yorkies lieben Gesellschaft, daher eignen sie sich auch gut als Zweithunde.

Zwerghunde haben generell einen schnelleren Stoffwechsel als große Vierbeiner. Dieser macht manche Yorkshire Terrier anfälliger für extreme Hitze und Kälte. Normalerweise leidet ein gesunder Yorkie jedoch nicht unter heißen Sommertemperaturen und, bleibt er in Bewegung, auch nicht im Winter. An Schmuddelwettertagen kann bei älteren und

Haben Sie den richtigen Draht zu Ihrem Yorkie, wird er alles tun, um Ihnen zu gefallen.

Vorüberlegungen und Anschaffung

Yorkies kuscheln für ihr Leben gerne. Die Streicheleinheiten werden oftmals nachdrücklich von ihnen eingefordert.

werden Halter häufig angesprochen. Menschen, die einen Yorkshire Terrier rein als Prestigeobjekt ansehen, werden auf Dauer nicht glücklich mit einem fordernden Lebewesen wie es ein Hund nun mal ist. Auch der Vierbeiner hat hier vermutlich schlechte Karten mit all seinen Bedürfnissen voll zum Zug zu kommen.

Ist es Ihnen jedoch möglich, den Zwerg-Terrier gänzlich in Ihr Leben zu integrieren, geht es nun an die Auswahl des Hundes.

Schmusen aus Leidenschaft
Yorkies handeln einerseits zwar, ganz Terrier, sehr selbstständig, ruhig und souverän, andererseits sind sie aber auch unglaublich anhänglich und verschmust. Kuscheln steht bei ihnen ganz hoch im Kurs: Sie lassen keine Gelegenheit aus, sich an ihre Menschen zu drücken und somit Streicheleinheiten einzufordern.

Welpe oder erwachsener Hund?

Einen jungen Hund zu erziehen sowie die eventuell etwas renitente Flegelphase zu überstehen kann manchmal ganz schön anstrengend sein.

Haben Sie sich für die Anschaffung eines Yorkshire Terriers entschieden, stehen Sie nun vor der Frage, ob Sie einen Welpen oder einen erwachsenen Vierbeiner aufnehmen wollen. Ein Welpe ist wie ein Rohdiamant, den Sie erst schleifen müssen. Dies kostet viel Zeit und Geduld, sicherlich auch Nerven und Anstrengungen. Er verlangt ständige Zuwendung, auch nachts. Es dauert eine Weile, bis der kleine Kerl stubenrein ist. Außerdem muss er erst lernen, alleine zu bleiben, muss sich an fremde Menschen, Tiere und einen normalen Alltag gewöhnen. Ein Yorkie-Welpe benötigt anfangs noch viermal am Tag Futter. Zudem sind mehrere kurze Spaziergänge einem ganz langen vorzuziehen, damit der Welpe nicht überfordert wird. Auch Treppensteigen ist untersagt, denn die noch weichen Knochen und Gelenke des Hundekindes können sich durch Überbeanspruchung fehlentwickeln. Die Erziehung

Vorüberlegungen und Anschaffung

Zieht ein älterer Hund bei Ihnen ein, ist er aus dem Gröbsten raus. Allerdings kann er sich auch schon allerlei Unsinn angewöhnt haben.

eines jungen Hundes sowie die eventuell etwas renitente Flegelphase werden Sie voll und ganz fordern. Andererseits lässt sich ein Welpe noch gut formen, er entwickelt sich also größtenteils genau zu dem, zu dem sie ihn machen. Natürlich auch im negativen Sinne: Haben Sie nicht von Anfang an eine klare Linie in Ihrer Erziehung, bekommen Sie bald einen aufsässigen, verzogenen Fratz, der Ihnen im Erwachsenenalter schnell über den Kopf wächst.

Ein Welpe lässt sich meist leichter in ein bereits bestehendes Hunderudel integrieren als ein erwachsener Vierbeiner.

Welpe oder erwachsener Hund?

Mit einem älteren Vierbeiner kann dagegen schon etwas mehr Ruhe in Form einer ausgereiften Hundepersönlichkeit bei Ihnen einziehen. In der Regel ist ein erwachsener Yorkshire Terrier aus dem Gröbsten raus, er ist stubenrein, ist mit Halsband bzw. Geschirr und Leine vertraut, kann ab und zu mal alleine bleiben und kennt mindestens die erzieherischen Grundkommandos wie Sitz, Platz, Hier und Pfui – vorausgesetzt natürlich, er genoss bis zu diesem Zeitpunkt ein gutes Zuhause mit einer entsprechenden Prägung. Kennen Sie allerdings nicht lückenlos die Lebensgeschichte Ihres Zwerges bis zum Zeitpunkt des Einzuges bei Ihnen, kaufen Sie möglicherweise die „Katze im Sack". Erst im alltäglichen Zusammenleben zeigen sich der genaue Charakter, eventuelle Macken und das Verhalten des Vierbeiners. Daher kann die Aufnahme eines erwachsenen Hundes eher etwas für Kenner sein. Von Anfang an muss dem neuen Familienmitglied auch trotz seiner geringen Größe seine untergeordnete Stellung im Familienrudel klar gemacht werden. Eindeutige Regeln und Grenzen sind sehr wichtig für ein harmonisches Miteinander.

Hundeunerfahrene Menschen entscheiden sich also besser für einen Welpen als für einen gänzlich unbekannten erwachsenen Vierbeiner. Ersthalter können mithilfe einer guten Hundeschule gemeinsam mit ihrem Welpen wachsen und lernen. Der Einzug eines Welpen erleichtert auch das Zusammengewöhnen mit eventuellen weiteren Haustieren. Halten Sie bereits einen oder mehrere Hunde, hat ein Welpe noch mehr Narrenfreiheit und wird eher spielerisch, aber doch bestimmt in die Rangordnung der anderen Rudelmitglieder eingewiesen. Bei einem erwachsenen, voll ausgereiften Neuzugang können dagegen gleich heftige Kämpfe um die Rudelposition ausbrechen. Besondere Vorsicht gilt mit größeren Hunden, zumal sich der selbstbewusste

> **Beachten Sie auch ...**
> *Lassen Sie Ihrem vierbeinigen Neuzugang viel Zeit für die **Eingewöhnung**. Am besten nehmen Sie sich Urlaub, damit Sie sich erst einmal gegenseitig in Ruhe kennenlernen können. Springen Sie trotzdem nicht den ganzen Tag nur um Ihr neues Familienmitglied herum. Geben Sie Ihrem Hund genug Freiraum, sein jetziges Zuhause selbst zu erkunden. Zeigen Sie ihm andererseits vom ersten Tag an liebevoll, aber bestimmt, was er darf und was nicht. Respektieren Sie auch ausreichende Ruhephasen, in denen Ihr Vierbeiner nicht gestört werden möchte, schließlich sind die vielen neuen Eindrücke anstrengend und ermüdend.*

Zwerg Artgenossen gegenüber häufig etwas größenwahnsinnig verhält. Diese können einen Yorkie aufgrund seines kleinen, zarten Körperbaus im Spiel oder bei Rangordnungskämpfen leicht verletzen.

Lassen Sie Ihrem Hund nach seinem Einzug bei Ihnen viel Zeit zur Aklimatisierung in seinem neuen Zuhause.

Rüde oder Hündin?

Bei der Wahl des passenden Geschlechts sind Ihre eigenen Wünsche und Vorstellungen ausschlaggebend.

Ob Ihre Wahl auf einen Rüden oder eine Hündin fällt, hängt von Ihren Erwartungen und Vorstellungen ab. Yorkshire-Rüden werden etwas größer, stämmiger und somit schwerer als Hündinnen. In Vielem sind Rüden hartnäckiger und manchmal auch sturer als Hündinnen, weshalb ihre Halter bei der Erziehung meist etwas mehr Durchsetzungsvermögen brauchen. Etlichen Yorkie-Rüden wird allerdings, anders als bei anderen Rassen, eine größere Anhänglichkeit und Umgänglichkeit als Hündinnen nachgesagt, aber auch hier gibt es natürlich individuelle Unterschiede. Außerdem muss sich ein Rüdenbesitzer von Zeit zu

Rüde oder Hündin?

Die Statur einer Hündin ist meist zierlicher als die eines Rüden.

Während der Läufigkeit können Sie Ihrer Hündin ein spezielles Höschen anlegen.

Zeit auf einen liebeskranken und somit fürchterlich leidenden Vierbeiner einstellen und zwar dann, wenn eine Hündin in der Umgebung läufig ist. Etliche verliebte Casanovas tun ihren Schmerz um die unerreichbare Angebetete sogar lautstark kund. Diese Heulorgien können wiederum, vor allem bei einer Paar- oder Rudelhaltung, zu Ärger mit den Nachbarn führen. Zudem sind viele liebestolle Vertreter wahre Ausbrecherkönige, wenn es darum geht, ihrer „Traumfrau" näherzukommen. Bei unkastrierten Rüden ist ein intakter Gartenzaun also besonders wichtig. Das ständige Markieren ist ebenfalls nicht jedermanns Sache. Möglicherweise gehen dadurch sogar einige Pflanzen Ihres Gartens kaputt. Bei vermeintlich konkurrierenden Artgenossen lassen unkastrierte Rüden gerne den Macho raushängen, der auch mal mit viel Getöse einen Schaukampf um die Rangordnung anzettelt. Solche Auseinandersetzungen sind zwar meist harmlos gedacht, trotzdem ist ein Yorkie einem größeren Hund natürlich körperlich nicht gewachsen und kann schon bei einem Schaukampf Schaden nehmen.

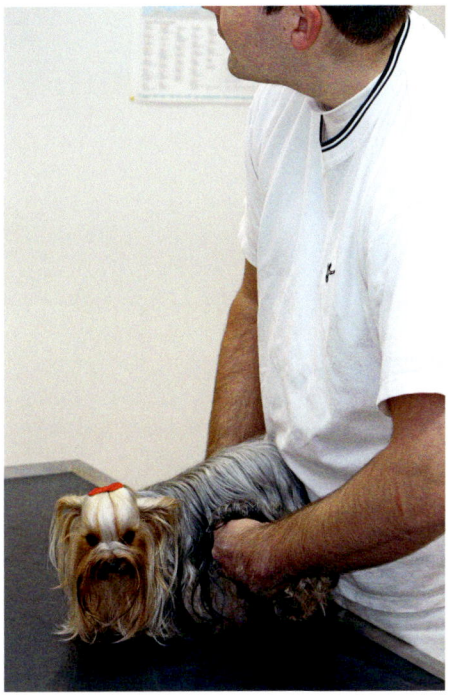

Manche Hündinnen werden nach der Läufigkeit scheinträchtig. In schweren Fällen muss hier sogar der Tierarzt eingreifen.

Verhütung bei Hunden

*Bei der Kastration einer **Hündin** nimmt man operativ die Eierstöcke und die Gebärmutter heraus. Da nun die entsprechenden hormonproduzierenden Drüsen fehlen, ist der Geschlechtstrieb nach einer Kastration völlig ausgeschaltet.*

Ob das Risiko der Hündin, an Gebärmutterkrebs oder an einem Gesäugetumor zu erkranken, bei einer Kastration vor der ersten Läufigkeit deutlich vermindert bzw. praktisch ausgeschlossen wird, ist umstritten. Fakt ist jedoch, dass eine so frühe Kastration ein dauerhaft kindlich-kindisches Wesen der Hündin zur Folge haben kann, denn der Reifeprozess, der durch die Hormone ausgelöst wird, fehlt hier. Inzwischen ist in Studien belegt worden, dass Gesäugetumore auch unabhängig von einer Kastration durch eine zu energie- und proteinreiche Ernährung oder Fettleibigkeit im ersten Lebensjahr hervorgerufen werden können.

*Ein **Rüde** ist kastriert, wenn seine beiden Hoden entfernt wurden.*

Kastrierte Tiere werden in der Regel ruhiger. Manche Hunde neigen anschließend durch den veränderten Hormonhaushalt verstärkt zu Fettansatz (Futtermenge anpassen!), eventuellen Fellveränderungen oder zeigen Inkontinenz. Während man Hündinnen hauptsächlich zur Vermeidung unerwünschten Nachwuchses kastriert, erfolgt die Kastration eines Rüden häufig bei sehr selbstbewussten, hormonell gesteuerten Verhaltensauffälligkeiten. Selbstverständlich lassen sich Verhaltensauffälligkeiten, die durch Erziehungsfehler des Halters entstanden sind, nicht durch eine Kastration korrigieren. Kennt man die hormonellen Abläufe beim Hund nicht und kastriert zum „falschen" Zeitpunkt, können sich die negativen Eigenschaften sogar noch verstärken.

Manche Rüden haben, bedingt durch zu viel Testosteron,

einen übersteigerten Sexualtrieb, der mit Streunen, übertriebenem Imponiergehabe und aggressivem Konkurrenzverhalten gegenüber anderen Rüden einhergeht. Hier oder bei krankhaften Veränderungen der Geschlechtsorgane kann die Kastration eines Rüden durchaus nötig sein.

Beim Rüden wirkt die Kastration auch als vorbeugende Maßnahme gegen Prostataerkrankungen und Perinaltumore (= Zubildungen rund um den After).

Letztendlich liegt es in den Händen eines verantwortungsvollen Tierarztes, individuell zu entscheiden, ob eine Kastration angebracht ist oder nicht.

Eine Alternative zur operativen Trächtigkeitsverhütung stellt die medikamentöse Verhütung mittels Hormonpräparaten dar. Diese Methode sollte allerdings nicht auf Dauer eingesetzt werden, denn die hormonelle Manipulation einer Hündin erhöht die Wahrscheinlichkeit einer eitrigen Gebärmutterentzündung, die in der Regel wiederum nur operativ zu behandeln ist. Eine weitere ganz neue Möglichkeit ist die Verhütung mittels Implantat, das wie ein Mikrochip unter die Haut gespritzt wird und alle sechs Monate ausgetauscht werden muss. Laut Hersteller ist dieses Implantat nebenwirkungsfrei, allerdings ist es nicht ganz billig (ca. 50,- € Materialkosten). Für Hündinnen ist das Verhütungsimplantat noch in der Probephase. Bei Rüden wird es bereits eingesetzt mit derselben Wirkung einer operativen Kastration.

Hündinnen fackeln untereinander mit echten Beißereien nicht lange, aus der instinktsicheren Sorge um ihren vermeintlichen Nachwuchs. Auch dieses natürliche Verhalten kann für den kleinen Yorkshire beim Zusammentreffen mit größeren Hündinnen schwere Folgen haben. Eine gute Sozialisierung mit Artgenossen ist von Anfang an also gerade bei dieser Rasse enorm wichtig.

Hündinnen haben in der Regel eine zierlichere Statur als Rüden. Machtkämpfe wie sie bei Rüden um die hausinterne Rangordnung hin und wieder vorkommen können, sind bei Hündinnen eher selten. Trotzdem können sie, vor allem hormonell bedingt, auch mal zickig sein. Eine Hündin wird ein- bis zweimal im Jahr läufig. Damit es nicht zu unerwünschtem Nachwuchs kommt, ist in diesem Zeitraum, der etwa drei Wochen dauert, besondere Vorsicht geboten. Während der Blutung ist ein spezielles Hundehöschen mit extra Slipeinlagen aus dem Fachhandel nötig, um Flecken im Haus zu vermeiden. Daran gewöhnt sich der Vierbeiner jedoch sehr schnell, obwohl es immer wieder auch Ausnahmen gibt: Manche Hündinnen versuchen alles, um die ihnen lästige Hose wieder loszuwerden. Möchten Sie die Läufigkeit Ihrer Hündin auf Dauer umgehen, schafft eine Kastration Abhilfe.

Die läufige Hündin

Eine Hündin wird zum ersten Mal zwischen dem siebten und zwölften Lebensmonat läufig. Insgesamt dauert die Hitze, die ein- bis zweimal im Jahr auftritt, etwa 21 Tage. Sie unterteilt sich in drei Phasen: Die ersten neun Tage nennt man Vorbrunst (Proöstrus), äußerlich zu erkennen am Anschwellen der Schamlippen. Nun wird die Hündin ruhiger, vielleicht etwas launisch und markiert anfangs häufig; manchmal frisst sie auch schlecht und neigt zum Streunen. Jetzt lässt die Hündin zwar noch keinen Rüden an sich heran, ihr Interesse am anderen Geschlecht wächst jedoch zunehmend. Während der zweiten Phase, der sogenannten Hochbrunst oder Eisprungphase (Östrus) tritt immer mehr schleimiges, mit Blut vermischtes Sekret aus der Scheide aus. Zu diesem Zeitpunkt wandern die Eizellen vom Eierstock in den Eileiter; dort können sie befruchtet werden. Der Östrus dauert acht bis zehn Tage und ist zu erkennen am weiteren Anschwellen sowie einer noch stärkeren

Rötung der Schamlippen. Die blutigen Ausscheidungen gehen in einen hellen Ausfluss über. Ab dem neunten Tag der Läufigkeit „steht" die Hündin; sie zeigt Rüden ihre Paarungsbereitschaft durch eine fast aufdringliche Annäherung und das seitliche Wegknicken ihrer Rute an. Nach dem Östrus folgt der Metöstrus; in dieser Phase klingt die Läufigkeit langsam ab, die Schwellung der Schamlippen geht zurück, der Ausfluss wird weniger. Auch das Verhalten „normalisiert" sich allmählich wieder.

Ein Hund aus dem Tierheim

Viel Geduld und Einfühlungsvermögen brauchen Sie bei der Übernahme eines Hundes aus zweiter Hand.

Möchten Sie einen Hund aus dem Tierheim aufnehmen, brauchen Sie meist viel Geduld und Einfühlungsvermögen. Die Vorgeschichte eines solchen Vierbeiners liegt oft völlig im Dunkeln, unerwartete Verhaltensweisen können auftreten. Selbst bei einem Tierheim-Welpen wissen Sie häufig nichts Näheres über seine bisherige Haltung. Da schon eine gute Kinderstube sehr wichtig und prägend für eine intakte Hundeseele ist, kann hier bereits einiges schiefgelaufen sein, was sich nur schwer wieder ausbügeln lässt. Auch das Wesen der Elterntiere, die Sie im Tierheim meist nicht kennenlernen, ist ein wichtiger Anhaltspunkt für den späteren Charakter Ihres jetzt ausgesuchten Zöglings. Je nach früheren Erlebnissen hat Ihr junger oder älterer Yorkshire Terrier vielleicht schon einige Macken, die Sie erst allmählich herausfinden müssen. Trotzdem lohnt es sich, diese Nuss behutsam zu knacken. Besuchen Sie Ihren auserwählten Vierbeiner bereits im Tierheim häufiger und gehen Sie oft mit ihm spazieren, ehe Sie sich endgültig für eine Übernahme entscheiden. Die Auswahl eines Tierheimhundes erfordert besondere Sorgfalt, schließlich soll der Vierbeiner mit seiner neuen Familie zu einem echten Glückspilz und nicht, nach seinen ersten auftauchenden Eigenarten, zum erneut abgeschobenen Pechvogel werden. Wichtig ist, sich und den Hund von Anfang an nicht unter Druck zu setzen. Geben Sie sich für die Gewöhnung aneinander unbedingt ausreichend Zeit. Weisen Sie Ihre Kinder schon im Vorfeld darauf hin, dass der neue Vierbeiner erst einmal Ruhe und Behutsamkeit zur Eingewöhnung braucht. Bevor sie auf ihn zustürmen und ihn streicheln wollen, sollten auch sie erst einmal genau beobachten, wahrnehmen und abwarten.

Beachten Sie …

Die Übernahme eines Tierheimhundes erfordert in der Regel Hundeerfahrung, denn wie erwähnt, liegt die Vergangenheit des Vierbeiners häufig im Dunkeln. Manche Tierheimhunde erscheinen auf den ersten Blick unkompliziert und anpassungsfähig; in unterschiedlichen, oft ganz banalen Situationen des Alltags holen sie jedoch rasch frühere schlechte Erlebnisse ein und lassen sie dementsprechend reagieren. Für Anfänger wird dies unter Umständen zu einem unlösbaren Problem. Hundeerfahrene Menschen können sich dagegen kompetenter und souveräner darauf einstellen und damit auseinandersetzen. Erstlingshaltern sei daher geraten, zunächst einmal einen Welpen von einem seriösen VDH- bzw. FCI-Züchter zu nehmen.

Neben Aufmerksamkeit und Zuwendung braucht der Secondhand-Hund trotzdem von Anfang an eine klare Linie, an der er sich orientieren kann.

Auswahl von Züchter und Hund

Sie treffen Ihre Entscheidung für die nächsten 10 bis 15 Jahre – lassen Sie sich also Zeit.

Fällt Ihre Wahl auf einen Hund vom Züchter, bekommen Sie eine aktuelle Wurfliste über die Welpenvermittlungsstellen der dem VDH angeschlossenen Rassevereine. Vergleichen Sie verschiedene Zwinger kritisch vor Ort miteinander. Nehmen Sie die Zuchtstätte genau unter die Lupe und kaufen Sie nicht den erstbesten Welpen vom erstbesten Züchter. Scheuen Sie sich nicht vor weiten Anfahrtswegen, immerhin geht um die sorgfältige Auswahl eines neuen Familienmitglieds, mit dem Sie viele glückliche Jahre teilen möchten. Stellen Sie sich auch auf eine eventuelle Wartezeit ein, denn häufig wird nur auf Nachfrage hin gezüchtet. Dies ist allerdings ein gutes Zeichen, spricht es doch für eine reine Hobbyzucht, die primär an die Hunde und nicht an den Profit denkt. Trotzdem muss Ihnen ein

Auswahl von Züchter und Hund

gesunder Yorkshire-Welpe einiges Wert sein: Der Welpenpreis liegt derzeit bei 800,- € bis 1200,- €.

Achten Sie darauf, dass die Welpen mit vollem Familienanschluss aufwachsen, und sich bei Ihrem Besuch interessiert, selbstbewusst und freundlich zeigen. Ihr Fell glänzt, sie sind gut genährt und sehen rundum gesund aus. Die Welpen dürfen weder ängstlich noch aggressiv reagieren. Nehmen Sie außerdem die Mutter und, falls anwesend, auch den Vater sowie deren Gesundheitszeugnisse der Zuchttauglichkeitsprüfung gründlich in Augenschein. Beide Elterntiere sollten nicht zu klein und von freundlichem, aufgeschlossenem Wesen sein. Vergewissern Sie sich, ob die Zuchtstätte sauber und hygienisch ist.

Ein guter Züchter befragt Sie ausführlich: Er interessiert sich sehr für Sie, Ihr Umfeld und eventuell bereits vorhandene Hundeerfahrung. Außerdem wird er Sie in keiner Weise bedrängen oder Ihnen einen Welpen aufschwatzen.

Neugierige, aufgeschlossene und an allem interessierte Welpen sprechen für eine gute Kinderstube.

Nur vom seriösen Züchter

Tätigen Sie keine Mitleidskäufe! Bei dubiosen Schwarzzuchten oder Hundehändlern liegen Herkunft, Aufzucht und Vergangenheit der Hunde oft völlig im Dunkeln, sodass Sie anstelle eines gesunden und wesensfesten Rassehundes schnell eine Mogelpackung bekommen, die Ihnen mit zunächst versteckten Krankheiten und Verhaltensstörungen ein Hundeleben lang Kummer bereiten kann.

Das Warten auf einen Welpen von einer kontrollierten VDH- bzw. FCI-Zucht lohnt sich allemal; hier gelten strenge Zuchtauflagen, die eine gute Basis für das Hervorbringen robuster, gesunder und wesensstarker Vierbeiner bilden. Ein gleichzeitiges Aufziehen mehrerer Würfe (möglicherweise noch von unterschiedlichen Rassen) innerhalb einer Zuchtstätte sollte Sie stutzig machen, spricht dies doch sehr für eine rein kommerzielle Angelegenheit. Die deutschen VDH-Zuchtvereine verbieten solch ein Vorgehen.

Vorüberlegungen und Anschaffung

Wenn Sie sich für einen Züchter entschieden haben, vereinbaren Sie am besten weitere Besuche, damit sich Ihr Welpe schon etwas an Sie gewöhnen kann.

Das Wohl seiner Hunde liegt ihm wirklich am Herzen.
Haben Sie sich schließlich für einen Züchter und einen seiner Welpen entschieden, vereinbaren Sie vor der Abholung Ihres Vierbeiners weitere Besuche, damit sich der Kleine schon etwas an Sie gewöhnt. Bringen Sie dabei ein altes Handtuch mit, das in das Welpenlager gelegt, bald nach der Mutter und den Wurfgeschwistern riecht. Dieses Tuch nehmen Sie bei der Abholung des Welpen wieder mit und legen es dem Hundekind zu Hause in sein neues Körbchen. Durch den weiterhin vorhandenen bekannten Geruch fällt Ihrem Vierbeiner somit die Trennung von seiner Kinderstube nicht so schwer.

Welches Zubehör ist nötig?

Neben diversen weiteren Utensilien braucht Ihr Yorkie natürlich auch Spielzeug.

Für Ihren Welpen benötigen Sie zunächst ein **Welpenhalsband** oder noch besser **-geschirr** und eine leichte **Leine**. Als Material hat sich Nylon bewährt; im Vergleich zu Leder ist es leichter, stabiler, nässefester und problemloser zu reinigen. Der ausgewachsene Hund braucht später ein größeres und etwas breiteres Halsband oder Geschirr sowie eine passende Leine. Gewöhnen Sie Ihr Hundekind sofort an das Tragen eines Halsbandes. Brin-

Vorüberlegungen und Anschaffung

Ein eigener Schlafplatz ist für den anschmiegsamen Yorkie wichtig, denn dorthin kann er sich auch mal zurückziehen.

gen Sie am Halsband neben der Steuermarke eine gravierte Plakette oder eine Hülse mit Ihrer Adresse und Telefonnummer an, damit Sie im Falle des Verschwindens Ihres Vierbeiners schnell benachrichtigt werden können. Achten Sie darauf, dass das Halsband nicht zu eng und nicht zu locker sitzt. Ein Finger muss problemlos zwischen Hals und Halsband passen.

Besorgen Sie außerdem für Haus und Garten je ein Set mit einem **Futter-** und einem **Wassernapf**. Edelstahl- oder stabile Plastiknäpfe sind die beste Wahl, da sie auch leicht zu reinigen sind.

Damit Ihr Hund nach seiner Ankunft nicht vor einem leeren Napf sitzt, kaufen Sie ein hochwertiges **Welpenfutter** ein; lassen Sie sich hierbei am besten von Ihrem Züchter beraten; eventuell gibt er Ihnen auch etwas von seinem Futter mit. Auch **Belohnungsleckereien** dürfen nicht fehlen.

Schlafplatz, Fellpflege und Spielzeug

Selbst wenn es noch so verlockend ist, einen Zwerg wie den Yorkshire Terrier mit ins Bett oder auf die Couch zu nehmen, braucht Ihr Hund doch seinen eigenen **Liegeplatz**.

Manchen Vierbeinern genügt hier eine einfache Decke oder ein Kissen, andere kuscheln sich lieber in einen Korb. Wichtig ist in jedem Fall eine leichte, unproblema-

Welches Zubehör ist nötig?

tische Reinigung, denn angemessene Sauberkeit und Hygiene sind eine unverzichtbare Basis für ein langes, gesundes Hundeleben. Achten Sie darauf, dass alle Decken und Kissen maschinenwaschbar sind. Haben Sie einen Korb angeschafft, schrubben Sie diesen von Zeit zu Zeit aus und desinfizieren Sie ihn anschließend mit einem unschädlichen Ungezieferspray. Inzwischen sind nicht nur Hundekörbe aus Rattangeflecht erhältlich, sondern auch aus stabilem, beißfestem Plastik oder aus Schaumgummi und Kunstwatte mit Stoffüberzug. Als Übergangslösung hat sich für einen Junghund, der noch alles annagen und zerbeißen will, ein mit einer Decke ausgelegter Karton bewährt, der schnell und preiswert ausgetauscht werden kann.

Vielseitig verwendbar und ebenfalls sehr praktisch ist eine Plastik-**Transportbox**. Ihr Welpe findet darin bereits ein heimeliges Lager vor, in dem Sie ihn während Ihrer Abwesenheit auch mal für kürzere Zeit ausbruchssicher verwahren können. Später weiß sogar Ihr erwachsener Yorkie diese Rückzugsmöglichkeit zu schätzen, vermittelt das Innere solch einer Box doch die Geborgenheit einer Höhle. Eine Box ist ebenfalls sehr hilfreich für eine sichere Unterbringung Ihres Hundes im Auto. Eine ordnungsgemäße Sicherung des Vierbeiners in einem Auto ist übrigens Pflicht. Bei Verstoß drohen hohe Geldstrafen. Sie können Ihren Yorkshire Terrier auch mit einem speziellen Hundegurt auf der Rückbank anschnallen oder Sie verwenden ein Trenngitter, das den Schrägheckkofferraum, in dem Ihr Vierbeiner sitzt, sicher vom Personenabteil abtrennt.

Für die Fellpflege benötigen Sie spezielle **Bürsten und Kämme**, ein mildes Hundeshampoo, eine Spülung und **Haarspangen oder Gummis**, um das lange Stirnhaar aus dem Gesicht zu halten und Augenentzündungen zu vermeiden. **Handtücher** zum Abtrocknen und Säubern dürfen für Schlechtwettertage nicht fehlen.

Schaffen Sie sich außerdem eine **Zeckenzange** an, um Ihren wedelnden Freund schnell von den lästigen Plagegeistern befreien zu können.

Zu guter Letzt braucht Ihr Yorkie natürlich **Spielzeug**.

Für die Fellpflege Ihres Kleinen brauchen Sie spezielle Bürsten und Kämme.

EXTRA

Das richtige Hundespielzeug

Orientieren Sie sich bei der Auswahl von Hundespielzeug am besten an folgendem Grundsatz: Alles, was für Kleinkinder ungeeignet ist, kann auch für Hunde gefährlich werden. So sind spitze, scharfkantige und splitternde Gegenstände oder Dinge, in denen Drähte oder Nägel enthalten sind, für unsere Vierbeiner absolut tabu. Ebenfalls verboten sind Äste von giftigen Bäumen oder Sträuchern und lackierte Hölzer. Luftballons stellen eine Gefahr dar, weil sie zerbissen schnell heruntergeschluckt werden und eine Darmverschlingung hervorrufen können. Ihr Yorkshire Terrier darf sich nicht an den Spielsachen Ihrer Kinder wie beispielsweise Legobausteinen

Achten Sie bei der Auswahl eines Balles darauf, dass ihn Ihr Yorkie nicht verschlucken kann.

Die Knoten aus Baumwollschnüren sind sehr beliebt – Ihr Kleiner sollte aber die Einzelschnüre nicht verschlucken.

sowie an Schnüren, Nylonstrümpfen, Windlichtern oder Plastikbechern vergreifen. Unproblematisch sind spezielle Hundespielsachen aus Hartholz, Jute, Hartgummi, Stoff und reißfestem Nylon. Kauspielzeug aus natürlichen Materialien, wie Rinder- und Büffelhaut bietet nicht nur eine interessante Beschäftigung, sondern hat gleichzeitig einen gesundheitlichen Nutzen, denn es

Geeignetes Hundespielzeug bekommen Sie im Fachhandel.

stärkt und reinigt das Gebiss. Bälle müssen immer so groß sein, dass Ihr Hund sie nicht verschlucken kann.

Quietschspielzeug ist nur bedingt geeignet, denn ist Ihr Vierbeiner ein besonders eifriger „Spielzeug-Designer" zerlegt er auch ein Quietschtier schnell und frisst möglicherweise sogar das quietschende Ventil. Zudem sind einige Kynologen der Meinung, dass ein Hund durch das ständige Quietschen die Beißhemmung gegenüber quiekenden Artgenossen verlernt. Besser bewährt haben sich Spielsachen aus robustem Hartgummi. Ein begeisterter Apporteur sollte wegen der Splittergefahr auf Stöckchen aus dem Wald verzichten. Besorgen Sie ihm stattdessen lieber Hartholzspielzeug aus dem Zoofachhandel, das es sogar in Yorkie-Größe gibt. Diese Apportierhölzer kommen auch auf Hundeplätzen zum Einsatz. Als Alternative gibt es Bringsel aus Jute oder Leder, die absolut maulschonend sind. Ein aus bunten Baumwollschnüren zusammengedrehter Knoten ist zwar sehr beliebt, kann jedoch gefährlich werden, wenn der Vierbeiner den Knoten zerlegt und zu viele Schnüre davon verschluckt.

Welpensicheres Zuhause

Bevor Ihr Nachwuchs bei Ihnen einziehen kann, gibt es noch einiges zu tun.

Überprüfen Sie Ihr Zuhause schon vor dem Einzug eines Welpen auf mögliche Gefahrenquellen für den kleinen Vierbeiner und beseitigen Sie diese gegebenenfalls. Für den noch unerfahrenen, verspielten Yorkie, der ständig auf der Suche nach neuen Abenteuern ist, lauern etliche Gefahren in Haus und Garten. Welpen erkunden ihre Umgebung in erster Linie mit der Nase und mit den Zähnen, das heißt: Alles, was der junge Hund aufstöbert, muss beknabbert oder sogar gefressen werden. Besonders gefährlich und gefährdet sind hier Kabel und mobile Mehrfachsteckdosen. Verlegen Sie Kabel daher entweder in Kabelkanälen oder lagern Sie diese höher, solange der Welpe noch in der Flegelphase ist. Versehen Sie Steckdosen am Boden und in Nasenhöhe des vierbeinigen Knirpses vorsichtshalber mit Kindersicherungen. Bewahren Sie ebenfalls außer Reichweite des jungen Yorkshires Putzmittel und Medikamente auf. Erhöhte Vorsicht gilt bei Pflanzen, besonders, wenn sie giftig sind. Stellen Sie auch diese vorübergehend hoch oder quartieren Sie sie an einen anderen Ort um. Ein weiteres großes Gefahrenpotenzial stellen heruntergefallene Kleinteile wie Büroklammern, Stecknadeln oder Geldstücke dar, weil sie der Welpe aus Neugier fressen könnte. Von ganz besonderer Anziehungskraft sind Schuhe. Junghunde spüren häufig mit einer

Einfache Regel im Haushalt: Alles was für Babys und Kleinkinder gefährlich ist, kann auch für einen Hund zur lebensbedrohlichen Gefahr werden.

Welpensicheres Zuhause

Gefährliche Treppen, wie etwa die rutschigen Steinstufen, lassen sich am besten mit einem Babygitter sichern.

erstaunlichen Zielsicherheit gerade das teuerste Paar auf und zerlegen es. Vielleicht waren Sie aber auch schneller und haben die Schuhe rechtzeitig in Sicherheit gebracht. Besonders interessiert ist der Welpe überall dort, wo es etwas auszuräumen gibt. Sichern Sie daher Möbeltüren oder Schubladen. Ein mit einem Vorhang abgehängtes Regal regt enorm die Neugier eines jungen Hundes an; evakuieren Sie also rechtzeitig empfindliche Gegenstände. Höchst attraktiv sind auch Abfalleimer, deren Inhalt Ihren Yorkie auf vielfältige Art schädigen kann. Steigen Sie deshalb besser auf Abfalleimer mit fest verschlossenem Deckel um. Nicht zuletzt ist das wilde Toben des kleinen Rackers gefährlich: Ist ein Welpe erst einmal in Fahrt, kennt er kein Halten mehr. Sichern Sie Treppen daher am besten mit einem Babygitter. Natürlich müssen Sie generell alles Zerbrechliche aus dem Weg räumen.

Zusammenfassend gilt Alles, was für Babys oder Kleinkinder in einem Haushalt gefährlich ist, kann auch für einen jungen Hund lebensbedrohlich werden. Richten Sie sich jedoch durch entsprechende Vorkehrungen rechtzeitig darauf ein, wird das Zusammenleben mit Ihrem Yorkie-Welpen in der heißen (Flegel-)Phase sicherlich stressfreier sein.

Tipps für den Garten

Auch im Garten kann es für einen jungen Hund gefährlich werden. Denken Sie hier an Folgendes:

- *Damit sich der Welpe nicht unerlaubt auf Wanderschaft begibt, umzäunen Sie Ihr Grundstück.*
- *Sichern Sie einen eventuell vorhandenen Gartenteich.*
- *Flicken Sie rechtzeitig vor Ankunft des Vierbeiners Löcher im bereits vorhandenen Zaun.*
- *Lagern Sie gefährliche Stoffe wie beispielsweise Frostschutzmittel für das Auto am besten in einem verschließbaren Schrank.*
- *Vorsicht mit der Aufbewahrung und Verwendung von Chemikalien im Garten (z. B. Dünger, Schneckenkorn etc.).*
- *Der Komposthaufen sollte für Ihren Hund unzugänglich sein.*
- *Bewahren Sie gefährliche Gartengeräte wie Scheren, Sägen, Rechen und Hacken außerhalb der Reichweite Ihres Hundes auf.*
- *Hängen Sie den Gartenschlauch sicherheitshalber auf.*
- *Vorsicht mit stacheligen Hecken und Büschen. Toben kann hier schnell ins Auge gehen.*

Vorsicht mit Pflanzen im Garten: Sie könnten für Ihren Welpen giftig sein!

Haltung

Die ersten Tage daheim

Mit dem Einzug eines Yorkie-Welpens beginnt für Zwei- und Vierbeiner ein völlig neuer Lebensabschnitt.

Ein seriöser Yorkshire-Terrier-Züchter gibt seine Welpen geimpft und entwurmt nicht vor der zehnten Lebenswoche ab. Am Abgabetag stattet er Sie mit dem Impfpass, Pflege- und Fütterungstipps sowie etwas Futter für den Übergang und den Papieren (falls diese bereits vorliegen) aus. Vergessen Sie zur Abholung Ihres Hundekindes Welpenhalsband und Leine nicht. Wenn Sie berufstätig sind, nehmen Sie sich mindestens in den ersten zwei Wochen nach Einzug des Vierbeiners frei. Dies erleichtert nicht nur die Erziehung zur Stubenreinheit, sondern ist auch für die gesunde, seelische Entwicklung des Hundebabys sehr wichtig.

Lassen Sie sich für die Heimfahrt viel Zeit. Eine längere Autofahrt ist für Ihren Welpen neu und ungewohnt. Manchen Hundekindern wird zunächst einmal übel, einige speicheln daraufhin nur, andere müssen sich übergeben. Legen Sie unterwegs mehrere Pausen ein, in denen sich Ihr kleiner Yorkie lösen und bewegen kann. Fahren Sie langsam und knallen Sie nicht mit den Autotüren.

Die ersten Tage daheim

Ankunft im neuen Zuhause

Geben Sie Ihrem Welpen nach Ihrer Ankunft daheim erst einmal genügend Zeit und Möglichkeit, sein neues Domizil ausgiebig zu erkunden. Auf keinen Fall dürfen alle Familienmitglieder gleichzeitig auf ihn einstürmen. Damit der neue Mitbewohner nicht verängstigt und überfordert wird, ist in den ersten Stunden besondere Behutsamkeit angebracht. Zeigen Sie Ihrem Welpen seinen Schlafkorb. Setzen Sie ihn immer wieder hinein und beschäftigen Sie sich dort eine Weile mit ihm. Verbinden Sie dies schon von Anfang an mit dem Kommando „Körbchen". Bald hat der Kleine verstanden, dass der Korb sein Platz ist. Schnell lernt er auch, auf Befehl dorthin zu gehen.

Hat sich die erste Aufregung für das Hundekind im neuen Heim etwas gelegt, bekommt es sein Futter. Ein zehnwöchiger Welpe braucht noch drei Mahlzeiten. Eine Futterumstellung darf nur langsam erfolgen. Daher mischen Sie am besten nach und nach das mitgegebene Futter des Züchters mit Ihrem eventuell neuen Futter. Bringen Sie den Welpen nach dem Füttern sofort ins Freie, damit er sich lösen kann. Verfahren Sie genauso, wenn Ihr junger Yorkie nach dem Schlafen aufwacht. Vergessen Sie nicht, dass ein Welpe wie ein

Anfangs hat ein Welpe ähnlich wie ein Baby noch ein erhöhtes Schlafbedürfnis.

Baby noch sehr viel Schlaf benötigt, ein Bedürfnis, dem Sie unbedingt Rechnung tragen sollten. Stellen Sie das Körbchen zur Erleichterung der Eingewöhnung nachts zunächst direkt an Ihr Bett. Ist Ihr Hund sehr unruhig, legen Sie ihm einen Wecker unter sein Kissen. Das Ticken erinnert ihn an den Herzschlag der Mutter und beruhigt ihn. Werden Sie nicht schwach und lassen Sie den Welpen nicht ins Bett. Damit tun Sie sich und dem Hund keinen Gefallen. Für den kleinen Neuankömmling wäre dies bereits der erste Schritt in der Rangordnung mit Ihnen zu konkurrieren. Streicheln Sie den, in seinem Körbchen liegenden Vierbeiner lieber von Ihrem Bett aus in den Schlaf. Die zärtliche Berührung mit Ihrer Hand gibt ihm all die Geborgenheit und das Vertrauen, das er braucht, um als Hundebaby einem neuen aufregenden Tag entgegen zu schlafen.

Viel Geduld mit Tierheimhunden

Ein Secondhand-Hund benötigt besonders viel Zeit zur Eingewöhnung. Beobachten Sie den Neuankömmling ganz genau, um ein besseres Bild von seiner Persönlichkeit zu bekommen. Rasch finden Sie heraus, ob Sie nun ein

Vorsicht, Winzling!

Da ein Yorkshire-Terrier-Welpe aufgrund seiner Größe schnell mal übersehen werden kann, öffnen und schließen Sie Türen langsam, damit Sie den Knirps nicht aus Versehen einklemmen. Vorsicht gilt auch mit gekippten Fenstern oder Türen. Diese können für den neugierigen Zwerg ebenfalls zur lebensgefährlichen Falle werden.

Haltung

Zuhause angekommen, muss Ihr Welpe erst einmal in Ruhe ausgiebig erkunden.

Sie sind der Chef! Ihre Regeln hat der Vierbeiner einzuhalten – bleiben Sie konsequent. So erleichtern Sie sich und Ihrem Yorkie das Leben.

extremes Sensibelchen oder eher ein forsches Raubein im Haus haben. Lassen Sie Ihrem Neuzugang nichts durchgehen, was er auch später nicht tun darf. Ein ehemaliger Tierheimhund wird in einer neuen Familie zunächst mit Reizen überflutet, die er erst einmal in Ruhe verarbeiten muss. Trotzdem ist es wichtig, Ihren Yorkie von Anfang an so natürlich wie möglich an Ihrem normalen Tagesablauf teilhaben zu lassen. Damit Ihr vierbeiniger Kamerad bald seinen festen Rhythmus kennt, führen Sie sofort feste Fütterungs-, Spiel- und Spaziergehzeiten ein. Hat sich die erste Aufregung gelegt, wird Ihr Hund auch Sie ganz genau beobachten. Einem Yorkshire Terrier entgeht nichts. Er durchschaut schnell, wer in der Familie das Sagen hat und wer nicht und, wo es Schwachstellen in der familieninternen Rangordnung gibt. Daher ist es besonders wichtig, klare Regeln vorzugeben, die der Vierbeiner strikt einhalten muss. Ihr Yorkie ist rasch ausgeglichen und glücklich, wenn er sofort einen eindeutigen Platz in der neuen Lebensgemeinschaft einnimmt, mit einem Mensch an der Spitze, an dem er sich orientieren kann.

Die ersten Ausflüge

Auf Ihren ersten Spaziergängen sehen Sie, wie sich Ihr vierbeiniger Neuzugang Artgenossen gegenüber verhält. Auch für einen erwachsenen Yorkshire Terrier ist der regelmäßige Kontakt zu anderen Hunden wichtig. Stellen Sie Ihrem Yorkie möglichst bald, jedoch an der Leine gehalten, eventuelle andere Haustiere vor. Hat Ihr wedelnder Kamerad in seiner Prägephase keine gute Sozialisierung erfahren, ist der Besuch einer Hundeschule empfehlenswert. Ein Secondhand-Hund kann hier zu-

Die ersten Tage daheim

sammen mit seinem Halter noch sehr viel lernen. Erziehungstechnisch brauchen Sie bei einem erwachsenen Hund meist nicht ganz bei Null anfangen, sondern können auf die bereits vorhandenen Grundlagen aufbauen. Wichtig ist, dass Ihr Vierbeiner nun Sie als neuen Hundeführer und somit Kommandogeber akzeptiert. Konsequenz und Einfühlungsvermögen ihrerseits sind dabei unerlässlich. Auch die richtige Motivation ist ein sicherer Garant für eine erfolgreiche und partnerschaftliche Erziehung. Nur so macht es Ihrem Yorkie Spaß, Ihnen zu gehorchen.

Tipp für Secondhand-Hundebesitzer

Um herauszufinden, welche Talente und Vorlieben Ihr Vierbeiner hat, kann eine kompetente Hundeschule sehr hilfreich sein. Hier werden meist auch Spiel-, Spaß- und Sportkurse angeboten, die jeden Vierbeiner seinen Neigungen entsprechend fordern. Die intensive gemeinsame Beschäftigung mit Ihrem Hund wird Ihre Bindung zueinander weiter fördern und Sie bald zu einem unzertrennlichen Dream-Team zusammenschweißen.

Einfacher hat es der Neuzugang, wenn er sich von einem älteren, bereits im Haushalt lebenden Hund vieles abschauen kann.

Sozialisierung

Ein Welpe braucht den Kontakt zu Artgenossen gleichen Alters, aber auch zu Älteren.

Damit er später als erwachsener Hund einen stressfreien Alltag mit einem sozialverträglichen Verhalten gegenüber Mensch und Tier leben kann, muss schon der Welpe mit möglichst vielen Umweltreizen vertraut gemacht werden. Die wichtigste Zeitspanne für die Sozialisierung liegt zwischen der dritten und etwa der 16. Lebenswoche. Für die erste Phase ist also der Züchter verantwortlich: Dort soll der Welpe nicht nur durch den Umgang mit seiner Mutter und den Wurfgeschwistern hündisches Verhalten lernen. Auch möglichst viele positive Erfahrungen mit verschiedenen Menschen, einschließlich Kindern sind für die weitere Entwicklung des kleinen Vierbeiners wichtig. Deshalb sind bei einem verantwortungsvollen Züchter ab der vierten Woche Besucher willkommen, selbstverständlich wohldosiert, um die Welpen nicht zu überfordern.

Durch eine abwechslungsreiche Umgebung wird das Hundekind bereits mit diversen Umweltreizen vertraut gemacht. Dies kann beispielsweise ein interessanter, kleiner Abenteuerspielplatz im Welpenauslauf sein. Kurze Ausflüge sind dagegen erst erlaubt, wenn der Welpe komplett geimpft ist (ab der achten Lebenswoche). Hundekinder, die bis zu ihrer Abholung (und auch danach) völlig abgeschottet von ihrer Umwelt leben, tragen in der Regel irreparable Schäden davon, die sie an einer normalen Entwicklung hindern. Solche Hunde bleiben häufig ihr Leben lang unglückliche Sorgenkinder, die sich ständig als unsichere Angsthasen oder auch Beißer gebärden.

Nach der Abholung Ihres Yorkshire Terriers vom Züchter liegt die weitere Entwicklung des Welpen in Ihrer Hand. Machen Sie ihn zu Hause mit möglichst vielen Situationen be-

Sozialisierung

Gewöhnen Sie Ihren Welpen langsam an alle Geräusche und Situationen des Alltags.

kannt: Sperren Sie ihn beispielsweise nicht weg, wenn Sie staubsaugen; grenzen Sie den Kleinen auch nicht aus, wenn Besuch kommt. Dies bedeutet natürlich nicht, dass Sie sofort nach der Ankunft des Vierbeiners den Staubsauger schwingen oder gar eine große Party feiern sollen. Vielmehr macht's die richtige Dosierung, damit Ihr junger Yorkie langsam, aber sicher alle Geräusche und Abläufe um ihn herum als völlig normal ansieht.

Leben noch andere Tiere bei Ihnen, gewöhnen Sie alle Vierbeiner ganz behutsam aneinander. Auf Stadtausflüge wird Ihr Welpen optimal vorbereitet, wenn Sie Großstadtgeräusche zunächst von einem Band abspielen. Am günstigsten ist dies während der Fütterung, denn dann verknüpft Ihr kleiner Yorkshire Terrier die ungewohnten Geräusche gleich mit etwas Positivem. Steigern Sie die Lautstärke allerdings erst allmählich. Gewöhnen Sie Ihren jungen Vierbeiner ebenfalls frühzeitig an die Mitnahme und das gesittete Verhalten im Auto und in öffentlichen Verkehrsmitteln.

Neue Eindrücke sammeln

Lassen Sie dem Welpen auf Spaziergängen genügend Zeit seine Umgebung ausgiebig zu erkunden. Lockern Sie den Ausflug zwischendurch mit kleinen Spielchen auf, die all seine Sinne anregen und auch das Interesse an Ihnen wecken. Auf diese Weise lernt Ihr Yorkshire schon spielerisch, dass es sich lohnt,

Die erste Phase der Sozialisierung erfolgt noch beim Züchter.

Haltung

Verschiedene Bodenuntergründe sowie das Element Wasser kennenzulernen, ist für die Sozialisierungsphase wichtig.

Ihnen zu folgen. Provozieren Sie Begegnungen mit Artgenossen, anderen Tieren und Menschen. Fangen Sie bereits spielerisch mit der Erziehung an, indem Sie Ihrem kleinen Yorkie beispielsweise durch Ablenkung mit einem verlockenden Spielzeug beibringen, fremde Menschen nicht anzuspringen. Geht ein anderer Hundebesitzer mit seinem Vierbeiner auf Abstand, respektieren Sie sein Verhalten. Vielleicht genoss sein Hund nicht so eine gute Sozialisierung wie Ihrer. Nehmen Sie Ihren Welpen dann lieber an die kurze Leine und gehen ohne direkten Kontakt am anderen Vierbeiner vorbei, schließlich muss Ihr Yorkshire Terrier auch lernen, sich selbst im Vorbeigehen manierlich zu verhalten.

Regelmäßiger Hundebesuch bei Ihnen daheim sorgt dafür, dass Ihr Yorkie verträglich mit anderen Hunden bleibt.

Sozialisierung

Beobachten Sie genau, ob Ihr Vierbeiner Spaß am Training in der Hundeschule hat, denn das sollte an erste Stelle stehen.

Wechseln Sie außerdem öfter mal die Wege. Das Kennenlernen verschiedener Bodenuntergründe sowie von Wasser fällt ebenfalls in die wichtige Sozialisierungsphase. Absolut empfehlenswert ist der Besuch einer Welpenspielstunde in einer guten Hundeschule. Dort lernt der junge Vierbeiner zusammen mit gleichaltrigen Artgenossen, wie er sich hündisch korrekt verhält. Außerdem wird er hier mit unterschiedlichen Geräuschen und Gegenständen wie zum Beispiel einem aufgespannten Regenschirm, klappernden Töpfen oder flatternden Folien vertraut gemacht. Häufige Hundebesuche bei Ihnen daheim fördern eine gute Verträglichkeit mit Artgenossen. Solche Besuche wirken sogar „Einzelkindallüren" entgegen, denn Ihr Yorkie steht dabei nicht mehr als vierbeiniger Alleinherrscher im Mittelpunkt.

So finden Sie die passende Hundeschule

Inzwischen gibt es an vielen Orten Hundeschulen und Tiertrainer. Welche Möglichkeiten Sie in Ihrer Region haben, wissen Tierärzte, örtliche Tierheime oder andere Hundehalter. Auch überregionale Verbände und Organisationen sind kompetente Ansprechpartner. Manche Hundeschulen bieten sogar Kurse speziell für Zwerghunderassen an. Haben Sie eine konkrete Hundeschule im Auge, prüfen Sie das Angebot anhand der Fragen im Kasten genau. Stellen Sie fest, dass Sie mit dem Trainer oder der angebotenen Methode nicht zurechtkommen, wechseln Sie die Hundeschule. Handeln Sie immer im Interesse Ihres Vierbeiners. Nur ein Hund, der Spaß an der Sache hat, lernt gerne und leicht. Auch Sie können in einer kompetenten und sympathischen Hundeschule nette Freundschaften und Kontakte mit Gleichgesinnten knüpfen und einen wichtigen Erfahrungsaustausch pflegen.

- ⓘ *Ist der Trainer schon am Telefon bereit, ausführlich Fragen zu beantworten und fragt er Sie auch viel über Sie und Ihren Hund?*
- ⓘ *Nach welcher Methode wird trainiert?*
- ⓘ *Kann der Trainer eine fundierte Ausbildung nachweisen?*
- ⓘ *Gibt es ein (eingezäuntes!) Trainingsgelände, auf dem die Hunde in Trainingspausen auch mal miteinander spielen dürfen?*
- ⓘ *Wie groß sind die Trainingsgruppen? Zu große Gruppen lassen kaum noch Spielraum für die genaue Beobachtung und Beratung eines jeden Einzelnen.*
- ⓘ *Gibt es auch Einzelstunden für individuelle Probleme?*
- ⓘ *Stehen die Kosten in einem vernünftigen Verhältnis zum Angebot?*
- ⓘ *Sind ein anfängliches Zusehen sowie ein Probetraining möglich?*
- ⓘ *Stimmt die Chemie zwischen Ihrem Vierbeiner und dem Trainer sowie zwischen Ihnen und dem Trainer?*
- ⓘ *Freut sich Ihr Vierbeiner, wenn es auf den Hundeplatz geht und hat er Spaß am Training?*
- ⓘ *Macht Ihr Hund langfristig Fortschritte?*

EXTRA

Welpenspielplatz zu Hause

Leicht können Sie Ihrem Welpen zu Hause mit einfachen und ganz alltäglichen Dingen einen Abenteuerspielplatz kreieren. Führen Sie Ihr Hundekind an alle Stationen langsam heran und zeigen Sie ihm alles ganz behutsam. Loben Sie Ihren Welpen ausgiebig, wenn er mutig die neue Umgebung erkundet. Haben Sie Geduld mit Angsthasen, aber kein Mitleid. Dieses menschliche Gefühl würde ihn in seiner Angst nur noch bestärken. Loben Sie Ihren Welpen aber für jeden kleinen Schritt mit Leckerli und freundlicher, beruhigender Stimme.

Zuhause können Sie einen Welpenspielplatz mit einfachen Mitteln leicht selbst kreieren.

- Stellen Sie einen offenen Karton auf, den Ihr Vierbeiner nach Herzenslust erkunden und anschließend auch zerlegen darf.
- Legen Sie eine Malerfolie auf dem Boden aus: Dies ist ein unbekannter, raschelnder und glatter Untergrund, den es zu betreten gilt; streuen Sie für Zaghafte Leckerli auf der Folie aus.
- Hängen Sie alte, bunte Stofffetzen an eine Wäscheleine: Hier lernt der Kleine, sich nicht von flatternden Dingen aus der Ruhe bringen zu lassen. Eine Stufe schwieriger wird's mit Folienresten, denn diese rascheln auch noch.
- Stellen Sie eine Hundetransportbox mit geöffneter Tür auf und verteilen Sie in der Box Leckerli: So wird der Welpe schon spielerisch mit der Box vertraut gemacht, verknüpft sie mit etwas Positivem (Futter) und empfindet später die Reise darin als etwas ganz Normales.
- Selbst ein Zelt ist ein interessantes Erkundungsobjekt, das sowohl durch die Überdachung als auch durch den Zeltboden neu und aufregend ist.
- Stellen Sie zum genauen Erforschen einen aufgespannten Sonnenschirm auf den Boden, legen Sie als Lockmittel Leckerli darunter aus.
- Legen Sie einen Eimer auf den Boden, den Ihr Hundekind ausgiebig erkunden darf.
- Lassen Sie zunächst in großer (!) Entfernung vom Welpen eine aufgeblasene Butterbrottüte platzen, sodass er den Knall erst nur sehr gedämpft hört. Zusätzlich kann er währenddessen von einer zweiten Person abgelenkt werden. Wenn sich der Hund entspannt hat, ausgiebig loben und belohnen. Erhöhen Sie ganz langsam die Inten-

sität des Geräusches. Auf diese Weise lernt ein Welpe Silvesterknallerei und Donnergrollen zu trotzen. Selbstverständlich funktioniert diese Übung auch wieder über eine aufgenommene Kassette oder CD. Beginnen Sie jedoch wie immer erst leise und steigern Sie die Lautstärke nur langsam.

Bitte beachten Sie, dass dieser Spielplatz daheim auf keinen Fall das Welpenspielen auf einem Hundeplatz ersetzt. Er stellt lediglich eine gute Ergänzung dar, die Ihren Vierbeiner anderen Alltagssituationen gegenüber selbstbewusster und gelassener werden lässt.

Nach dem Spielen ist Ihr Welpe sicher hundemüde und möchte nur noch in sein Körbchen, um zu schlafen …

Eine willkommene Abwechslung! Spiele im eigenen Garten machen Ihrem Hund nicht nur Spaß, sondern schärfen seine Sinne und förderung die Entwicklung.

Erste Erziehungsschritte

Beginnen Sie sofort spielerisch mit der Erziehung, denn: Was Hänschen nicht lernt, ...

Erste Erziehungsschritte

Gerade Ersthalter lassen sich häufig vom süßen Blick und putzigen Verhalten ihres neuen Familienmitglieds einwickeln und verschieben die Erziehung des kleinen Rackers zunächst einmal auf unbestimmte Zeit. Machen Sie diesen Fehler nicht. Am aufnahmefähigsten ist ein Welpe bis zur 18. Lebenswoche, nützen Sie also diese Zeit und fangen Sie sofort mit einer spielerischen Erziehung an. Ganz entscheidend für die Lernbereitschaft und damit auch die Lernfähigkeit ist das Lernklima. Stress und Angst sind Gift für ein erfolgreiches Lernen. Sicherlich können Sie das aus eigener Erfahrung gut nachvollziehen. Verschaffen Sie Ihrem Hund daher eine ruhige, angenehme und entspannte Atmosphäre, in der er, verstärkt durch die richtige Motivation, Spaß am Lernen hat. Bitte beachten Sie auch, dass es keine Universal-Erziehungsmethode gibt, denn jeder Hund ist anders. Richten Sie das Training ganz individuell nach dem Charakter und dem Verhalten Ihres Vierbeiners aus. Hier lesen Sie Beispiele für Übungsmöglichkeiten. Darüber hinaus gibt es viele andere Wege, die zum Ziel führen. Wichtig ist, individuell den Richtigen für Ihren Hund zu finden, damit er stets mit Spaß bei der Sache ist.

Tragen Sie Ihren Welpen nach dem Schlafen sofort ins Freie, damit er sich dort lösen kann.

Stubenreinheit

Wie ein Menschenbaby braucht auch ein Welpe zunächst ein gewisses Bewusstsein dafür, wo er sich lösen darf und wo nicht. Bei der Erziehung zur Stubenreinheit ist viel Behutsamkeit angebracht. Überfordern Sie Ihren kleinen Yorkie nicht. Tragen Sie ihn nach jeder Mahlzeit und gleich nach dem Aufwachen zum Lösen ins Freie. Beobachten Sie Ihr Hundekind ganz genau: Auch wenn er beispielsweise breitbeinig am Boden schnüffelt, ist schnelles Handeln angebracht, denn postwendend kann ein Pfützchen folgen. Verrichtet der Kleine draußen sein Geschäft, loben Sie ihn unbedingt überschwänglich.

Als anfängliches Welpenlager nachts empfiehlt sich ein hoher Pappkarton oder eine Transportbox in Ihrem Schlafzimmer, aus der Ihr Vierbeiner nicht selbstständig herauskommt; da er sein eigenes Lager nicht beschmutzen möchte, wird er unruhig und fängt an zu win-

Wie lernt ein Welpe?

ⓘ *Welpen sind ganz genaue Beobachter und lernen somit rasch, wovor Sie Angst haben, wen Sie mögen und wen nicht; auch die familieninterne Rangordnung durchschauen sie schnell.*

ⓘ *Welpen sind Praktiker: Vieles lernen sie durch Erfahrung, wie schlechte oder gute Erlebnisse, Bestrafung und Lob.*

ⓘ *Das genaue Lernverhalten eines Welpen ist abhängig von seinem individuellen Charakter, seiner Intelligenz und seinen speziellen, angeborenen Neigungen.*

Plötzliche Unsauberkeit

*Unsauberkeit im Erwachsenenalter kann viele Gesichter haben. Um eine organische Ursache abzuklären, suchen Sie zunächst einen Tierarzt auf. Kann dies zweifelsfrei ausgeschlossen werden, begeben Sie sich in Ihrem Umfeld bzw. in der Seele Ihres Hundes auf Spurensuche. Fühlt sich Ihr Hund einsam oder vernachlässigt, verkraftet er einen eventuellen Umzug nicht, ist er eifersüchtig oder wird er gar von Artgenossen aus der Umgebung gemobbt? Oftmals steckt ein psychisches Problem des möglicherweise unverstandenen Vierbeiners dahinter. Auf keinen Fall dürfen Sie Ihren Hund für seine plötzliche Unsauberkeit bestrafen. An erster Stelle muss stets die Ursachenforschung stehen. Daraufhin folgt eine Verhaltensänderung seitens des Besitzers und schließlich auch des Hundes. Unterstützend hat sich der Einsatz von **Bachblüten** bewährt. Um jedoch differenziert auf das jeweilige Problem des Vierbeiners eingehen zu können, empfiehlt sich anstelle einer willkürlichen Eigenmedikation ein ausführliches Gespräch mit einem veterinärmedizinisch erfahrenen Bachblütentherapeuten.*

Schnüffelt Ihr junger Hund am Boden, kann postwendend ein Pfützchen folgen.

seln, wenn er muss; bringen Sie ihn dann schnell hinaus. Entdecken Sie ein Pfützchen im Haus, entfernen Sie es stillschweigend und gründlich, damit Ihr Welpe nicht wieder, von seinem eigenen Geruch angezogen, an derselben Stelle uriniert. Ertappen Sie ihn gerade beim Lösen, heben Sie ihn mit einem bestimmten „Nein" hoch und tragen Sie ihn ins Freie. Fährt er dort mit seinem Geschäft fort, loben Sie ihn wieder ausgiebig. Stupsen Sie nie die Hundenase in die Hinterlassenschaften des Welpen, denn dies hat keinerlei Lerneffekt – ein Welpe kann Verknüpfungen nur bis zu einer Viertel Sekunde herstellen –, ist Tierquälerei und somit als Strafe völlig ungeeignet. Es führt nur zu einem Vertrauensbruch zwischen Ihnen und Ihrem Yorkshire Terrier.
Bringen Sie Ihr Hundekind anfangs vorsichtshalber alle ein bis zwei Stunden nach draußen. Je aufmerksamer Sie Ihren Welpen beobachten und je schneller Sie dann reagieren, umso rascher wird Ihr Yorkie stubenrein.

Leinenführigkeit

Mit ein paar Tricks können Sie Ihrem Welpen ein ordentliches Gehen an der Leine schnell beibringen. Bleiben Sie dabei dauerhaft konsequent, gewöhnt sich Ihr Yorkshire Terrier auch später kein übermäßiges Ziehen an. Machen

Erste Erziehungsschritte

Sie Ihr Hundekind zunächst einmal spielerisch mit seiner Leine vertraut. Lassen Sie den Welpen ausgiebig daran schnuppern und zeigen Sie ihm, dass hiervon absolut keine Gefahr für ihn ausgeht. Dann leinen Sie Ihren Vierbeiner an und locken ihn mit einem Leckerli oder seinem Lieblingsspielzeug, sodass er ein paar Schritte an der Leine geht. Loben und belohnen Sie ihn ausgiebig, wenn er die Leine vergisst und Ihnen folgt. Geben Sie nicht nach, wenn er sich stur stellt, sich hinsetzt oder fallen lässt. Setzen Sie sich unbedingt spielerisch durch, denn einige Vierbeiner testen bei dieser Übung bereits, wie weit sie mit ihrem Sturköpfchen gehen können. Versuchen Sie Ihren Welpen in einem solchen Fall abzulenken und locken Sie ihn zu sich. Eine weitere Möglichkeit besteht darin, die Leine fallen zu lassen, weiterzugehen und den Namen des Welpen zu rufen. Da der Kleine nicht alleingelassen werden möchte, wird er Ihnen automatisch folgen. Nun loben Sie ihn überschwänglich und geben Sie ihm ein Leckerchen oder sein Lieblingsspielzug. Diese Übung sollten Sie natürlich nicht an einer Straße durchführen. Die richtige Motivation spielt für den jungen Hund stets eine entscheidende Rolle. Jeder Schritt in die richtige Richtung wird ausgiebig gelobt.

Akzeptiert Ihr Yorkie die Leine, geht es daran, ihn gar nicht erst zum Ziehen zu verleiten. Sobald sich die Hundeleine spannt, rufen Sie Ihren Hund zu sich und klopfen Sie sich dabei gleichzeitig aufmunternd ans Bein. Machen Sie Ihren Hund auf Sie aufmerksam, indem Sie ein Leckerli oder das Lieblingsspielzeug Ihres Vierbeiners in der Hand halten. Sprechen Sie immer wieder mit Ihrem Yorkshire Terrier und motivieren Sie ihn mit Spaß, an lockerer Leine bei Ihnen zu bleiben. Kommt Ihr kleiner Schüler zu Ihnen und bleibt er auch bei Ihnen, loben Sie ihn ausgiebig. Die täglichen Spaziergänge werden für Sie beide interessanter, wenn Sie öfters neue Wege gehen.

Loben Sie Ihren Welpen für jeden Schritt in die richtige Richtung.

Erfolgreiche Verzögerungstaktik

Eine weitere Möglichkeit, eine gute Leinenführigkeit zu erreichen, ist stehen zu bleiben, sobald sich die Leine spannt. Reden Sie nicht mit Ihrem Hund und ziehen Sie auch selbst nicht an der Leine, sondern warten Sie einfach ab. Geht der Spaziergang nicht weiter, wird sich Ihr wedelnder Begleiter schnell umdrehen, um zu sehen, warum es eine Verzögerung gibt. Lockert sich in diesem Moment die Leine, loben Sie Ihren Vierbeiner sofort ausgiebig und setzen Sie Ihren Gang in die genau entgegengesetzte Richtung fort. Diese Übung erfordert viel Ruhe und Geduld. Anfangs sind etliche Wiederholungen nötig, doch schließlich hat Ihr Yorkie verstanden, dass auf ein Ziehen an der Leine ein sofortiger Stillstand und anschließender Richtungswechsel erfolgt, kein Leinenzug jedoch viel Lob und Spaß bringt.

Ein Leinenruck oder -zug Ihrerseits ist nicht empfehlenswert, um übermäßiges Ziehen an der Leine einzudämmen. Zum einen kann dies die zarte, empfindliche Halswirbelsäule und den Kehlkopf Ihres Yorkshire Terriers massiv

Haltung

Will Ihr Yorkie nicht weitergehen, motivieren Sie ihn mit aufmunternden Worten oder Leckerchen.

> **Vorsicht mit Flexileinen**
>
> *Verwenden Sie aufrollbare Flexileinen erst, wenn Ihr Hund zuverlässig leinenführig ist, ansonsten könnte ihn die vermeintlich gegebene Freiheit durch die Länge dieser Leine zu einem stetigen Ziehen verleiten. Auch sollten Sie ihm dann ein Geschirr anlegen, da es doch mal zu einem kleinen Sprint an der langen Leine kommen kann, der mit einem Ruck endet. Dieser wäre schädlich für die Halswirbelsäule des Halsband tragenden Hundes.*

verletzen; zum anderen zeigen Sie dem Hund genau *das* Verhalten, welches Sie ihm eigentlich abgewöhnen wollen. Ziehen Sie auch dann nicht an der Leine, wenn Ihr Vierbeiner längere Zeit schnüffelt und nicht weitergehen will. Motivieren Sie ihn lieber mit aufmunternden Worten oder einer Spielaufforderung zum Weitergehen. Das Weitergehen können Sie sogar üben, indem Sie immer das gleiche Kommando wie beispielsweise „Weiter" sowie eine auffordernde Handbewegung verwenden. Dies lernt Ihr Hund am schnellsten unangeleint auf einer Wiese. Weil sich Hunde sehr an Ihrer Körpersprache orientieren, ist es wichtig, dass Sie nach der gesprochenen Aufforderung „Weiter" auch wirklich weitergehen und nicht stehen bleiben. Läuft Ihnen Ihr Yorkie nach, loben Sie sofort wieder kräftig und geben Sie ihm ein Leckerli oder spielen Sie zur Belohnung mit ihm.

Folgt Ihnen Ihr Hund auf das Kommando „Weiter", loben und belohnen Sie ihn kräftig.

Geben Sie Ihrem Yorkie möglichst oft die Gelegenheit, sich ohne Leine bewegen zu dürfen.

Erste Erziehungsschritte

Alleinbleiben

Ihr Hund muss auch das gesittete Alleinbleiben von klein auf lernen, denn Sie können ihn nicht immer und überall hin mitnehmen. Lassen Sie Ihren Yorkshire Terrier zunächst nur kurz allein und zwar erst, wenn er sich in seiner Umgebung ganz sicher und geborgen fühlt; verlassen Sie das Zimmer, wenn er schläft oder mit einem Kauröllchen beschäftigt ist. Liegt Ihr Welpe bei Ihrer Rückkehr noch brav auf seinem Platz, loben Sie ihn. Vergrößern Sie langsam die Zeitspanne und gehen Sie schließlich ganz aus dem Haus. Machen Sie kein Drama aus Ihrem Weggang und verabschieden Sie sich nicht groß. Je mehr Aufhebens Sie um Ihren Aufbruch und Ihre Rückkehr machen, umso eher erziehen Sie Ihren Vierbeiner zu späterer Trennungsangst. Loben und belohnen Sie ihn jedoch, wenn er brav auf Sie gewartet hat.

Trotz aller Übung gibt es immer wieder „Härtefälle", die sich sehr schwer mit dem Alleinbleiben tun. Solchen Hunden können Sie die Zeit des Wartens mit einem kleinen Animationsprogramm versüßen.

Rezepte gegen Langeweile

Bevor sich Ihr Hund über Gardinen, Möbel oder andere Einrichtungsgegenstände hermacht, stellen Pappschachteln oder leere Allzweckrollen eine willkommene Abwechslung dar, um den hündischen Frust abzureagieren. Eine tolle Beschäftigung garantieren außerdem kleinere, stabile Kartons mit Deckel. Darin verstecken Sie in Zeitung gewickelte Leckerlis. Nun verschließen Sie den Karton. Während Supernasen schon so die Knabbereien erschnuppern und eifrig „auspacken" werden, können Sie für weniger Geübte einige „Duftlöcher" in die Schachtel stechen.

Vergräbt Ihr Hund gerne Leckereien, hat es sich bewährt, ihm Plätze in der Wohnung

Üben Sie das Alleinbleiben in kleinen Schritten, aber erst wenn sich Ihr Welpe bei Ihnen daheim eingelebt hat.

dafür einzurichten, an denen er nach Herzenslust „graben" darf. Hierfür verteilen Sie beispielsweise ausgediente Handtücher oder Decken an verschiedenen Stellen eines Raumes. Dies schützt auch davor, einen feuchtklebrigen Kauknochen oder Ähnliches abends im eigenen Bett zu finden.

Interessanter ist das Warten ebenfalls mit einem Futterball aus dem Zoofachhandel, der nur ab und zu, bei bestimmten Bewegungen über verschieden große Öffnungen Leckerlis

Versüßen Sie Ihrem Yorkie die Wartezeit mit einfachen und geeigneten Spielsachen.

Haltung

Gemeinsam ist nicht einsam: Die Vergesellschaftung mit einem Zweithund kann das Warten erträglicher machen.

frei gibt; von Ihrem Yorkshire Terrier ist hier Geduld und Geschicklichkeit gefordert. Auf jeden Fall ist er dadurch von anderem Schabernack abgelenkt.

Ihr Yorkie fühlt sich auch nicht so einsam, wenn in Ihrer Abwesenheit das Radio läuft.

Da geteiltes Leid bekanntlich halbes Leid ist, wäre eine andere Möglichkeit, sich einen zweiten Hund anzuschaffen, bzw. den eigenen Hund eventuell vorübergehend mit einem befreundeten „Leihhund" aus der Nachbarschaft zu vergesellschaften. Dies hat schon so manchen Quälgeist zur Vernunft gebracht, sodass er inzwischen sogar alleine und, ohne außerplanmäßige Dummheiten zu machen, auf Herrchens Heimkehr wartet.

Schimpfen Sie Ihren Vierbeiner nicht, wenn er während Ihrer Abwesenheit etwas angestellt hat. Dafür müssten Sie ihn wirklich auf frischer Tat ertappen, ansonsten bringt er die Bestrafung nur mit Ihrer Rückkehr, nicht aber mit seinem Vergehen in Zusammenhang. Ignorieren Sie Ihren Yorkie lieber, bis Sie alle Spuren beseitigt haben.

Abgewöhnen von Jugendsünden

Etwa ab dem achten Lebensmonat beginnt die Flegelphase eines Junghundes. In diese Zeit fällt auch die Geschlechtsreife des Vierbeiners. Nun testet Ihr Yorkie vermehrt aus, wie weit er gehen kann und ob er Ihnen wirklich gehorchen muss oder nicht.

Außerdem stellt der Jungspund allerhand Unfug an. Manche Hunde sind hierbei sehr erfinderisch. Kein Wunder, schließlich suchen sie mit ihrem aufmüpfigen Verhalten ihre genaue Rangposition innerhalb des Familienrudels. Spätestens jetzt ist ein konsequentes Grenzen setzen enorm wichtig, ansonsten wächst Ihnen Ihr Yorkshire Terrier trotz seiner geringen Größe schnell über den Kopf. Achten Sie unbedingt auf feste sowie klare Regeln und einen strukturierten Tagesablauf. Nur so merkt Ihr Vierbeiner, wer in der Familie das Sagen hat; er orientiert sich daran und passt sich an.

Anspringen

Hunde begrüßen und beschwichtigen ranghöhere Artgenossen, indem sie deren Mundwinkel lecken, ein Verhalten, das im Futterbetteln von Wolfswelpen bei ihrer Mutter begründet liegt. Genauso möchten sich die Vierbeiner bei uns Menschen geben, doch leider ist dies den

In der Flegelphase hat ein junger Hund allerhand Unfug im Kopf.

Erste Erziehungsschritte

Frauchen in Sicht, da heißt es: Anlauf nehmen zur Begrüßung!

Sie kommen der ausgelassenen Freude Ihres Vierbeiners zuvor, wenn Sie sich zu ihm hinunter beugen und seine Sprungversuche bereits unten abfangen.

Hunden aufgrund unserer Größe nicht möglich, ohne uns dabei anzuspringen. Zwar ist dieses Verhalten durchaus gut gemeint und gilt als Geste der Unterordnung, trotzdem ist es aber, zu Recht nicht besonders beliebt. Immerhin bringt ein kräftiger Hund eine gewisse Masse mit, die einen nicht ganz standfesten Menschen im wahrsten Sinne des Wortes regelrecht umhauen kann. Einem Yorkie ist dies aufgrund seiner geringen Größe natürlich nicht möglich, trotzdem aber sind auch seine Drecktapser, gerade bei Schmuddelwetter auf einer hellen Hose nicht unbedingt wünschenswert. Gewöhnen Sie daher schon dem Welpen ab, Menschen anzuspringen, indem Sie und Ihr Besuch sich bei jeder stürmischen Begrüßung vom Hund wegdrehen und ihn ignorieren. Sie kommen außerdem der ausgelassenen Freude Ihres Vierbeiners zuvor, wenn Sie sich zu ihm hinunter beugen und seine Sprungversuche bereits unten abfangen. Wenden Sie sich Ihrem Hund allerdings erst zu, wenn er sich etwas beruhigt hat.

Erfolg versprechend ist auch, eine Ersatzhandlung vom Hund zu fordern. Kommt Ihr Vierbeiner also auf Sie zugerannt und möchte an Ihnen hochspringen, geben Sie ihm sofort beispielsweise das Kommando „Sitz". Begrüßen Sie Ihren Yorkie erst, wenn er diese Übung ausgeführt hat und in dieser Position bleibt. Loben Sie ihn dafür gründlich und heben Sie das „Sitz" mit einem Gegenkommando (z. B. „Lauf") wieder auf.

Kommentieren Sie ein eventuelles Springen mit einem energischen „Ab" und loben Sie Ihren Yorkie ausgiebig, wenn er unten bleibt.

Knabber- und Beißspiele

Absolut unerwünscht ist das Beknabbern und Zerbeißen von Schuhen oder Ähnlichem. Der wedelnde Teenager zwickt auch gerne in Hände, Füße und (Hosen-)Beine. Zwar ist das Knabbern nicht generell schlecht, immerhin nimmt der Junghund damit seine Umgebung ganz genau unter die Lupe; neue Dinge lernt er also auf diese Weise erst einmal kennen. Trotzdem müssen Sie dieses Verhalten zu Hause in die richtigen Bahnen lenken. Am besten bekommt Ihr Yorkshire Terrier gar keine Gelegenheit, an Ihre Schuhe oder Socken zu gelangen. Hat er doch einmal etwas Unerlaubtes zwischen den Zähnen, nehmen Sie es ihm mit einem energischen „Nein" weg. Nach einer kurzen Pause lenken Sie ihn mit einem kleinen Spiel ab und geben ihm anschließend ein erlaubtes Kauspielzeug. In die-

Haltung

Beißt Ihr Yorkie im Spiel zu fest in Ihre Hand, beenden Sie das Spiel sofort. So lernt er, dass Zubeißen das Spielende bedeutet.

ser Phase ist es besonders wichtig, dem Vierbeiner genügend „legale" Knabberspielsachen aus Hartgummi, Hartholz oder Büffelhaut zur Verfügung zu stellen, denn häufig kaut der Welpe schon aus Langeweile. Ebenfalls unerlässlich ist natürlich eine angemessene Auslastung durch Spaziergänge und Spiele.

Bekommt Ihr Hund Leckerbissen vom Tisch, brauchen Sie sich über penetrantes Betteln nicht zu wundern.

Vergreift sich Ihr Yorkshire im Spiel zu fest an Ihrer Hand, reagieren Sie erneut mit einem „Nein" und beenden Sie das Spiel sofort. Bald stellt der Kleine sein Zwicken ein, denn der stets folgende Spielentzug macht das Beißen unattraktiv.

Betteln

Geben Sie Ihrem Hund einen Leckerbissen vom Tisch, erziehen Sie ihn regelrecht zum Betteln. Selbst wenn Sie dieses Verhalten nicht stört, fallen Ihr Junghund und damit auch Ihre Erziehung bei Besuchern oder in einer eventuellen Pflegestelle doch sehr negativ auf. Damit es erst gar nicht so weit kommt, richten Sie Ihrem Vierbeiner von Anfang an einen eigenen, festen Futterplatz ein; nur hier wird er gefüttert. Während Ihrer Mahlzeit muss Ihr Vierbeiner auf seinem Platz liegen. Wollen Sie ihm dennoch ein kleines Stückchen Wurst oder Käse von Ihrer Brotzeit abgeben, füttern Sie es Ihrem Hund trotzdem erst, wenn Sie mit Essen fertig sind.

Futterklau

Obwohl man es einem Yorkshire Terrier aufgrund seiner geringen Größe kaum zutraut, gibt es doch Vertreter, die gerne über einen Stuhl, einen Sessel oder die Couch Essbares vom Tisch klauen. Dies ist dem Vierbeiner nur schwer abzugewöhnen, denn es handelt sich dabei um ein selbstbelohnendes Verhalten: Der Hund wird mit dem geklauten Futter umgehend für seine Tat belohnt. Diese Verstärkung bringt Ihren Hund also dazu, die unerlaubte Handlung immer wieder durchzuführen. Am besten lassen Sie nichts Essbares in Reichweite Ihres Yorkies liegen.

Schimpfen Sie Ihren Hund nur, wenn Sie ihn auf frischer Tat ertappen, ansonsten hat er seinen Diebstahl vergessen und bringt die Strafe mit Ihrer Rückkehr in Verbindung. Einen Futterklau können Sie auch provozieren und

Erste Erziehungsschritte

So klein und unschuldig der Yorkie aussieht, gelingt es ihm trotzdem mit ein paar passenden Aufstiegshilfen, Essbares vom Tisch zu klauen.

Hunde lieben erhöhte Aussichtsplätze. Nach oben sollte Ihr Yorkie nur mit Ihrer Erlaubnis dürfen und vor allem ohne Murren wieder herunterspringen.

gleich mit einem schlechten Erlebnis für den Vierbeiner kombinieren: Träufeln Sie beispielsweise etwas Zitronensaft über Ihr verlockendes Essen und lassen Sie Ihren Vierbeiner damit alleine. Möchte er nun den vermeintlichen Leckerbissen klauen, wird er sein saures Wunder erleben und Ihr Essen in Zukunft meiden.

Springen auf Möbel

Hunde springen gerne auf das Bett, die Couch oder einen Sessel, denn sie lieben erhöhte Sitz- und Liegeplätze. Nicht nur der gemütliche Liegekomfort, sondern auch die tolle Rundumsicht, mit der Hund stets alles im Blick hat, spielt hier eine Rolle. Im Prinzip spricht nichts dagegen, dem Vierbeiner den Platz auf dem Sofa zu gestatten, wenn er auf Kommando hinauf- und besonders auch wieder hinabspringt. Tut er das nicht, oder unter Protest, lassen Sie ihn gar nicht mehr hinauf. Möchten Sie das grundsätzlich nicht, setzen Sie erziehungstechnisch bereits bei Ihrem Welpen an. Zwar ist ein junger Yorkshire Terrier aufgrund seiner Größe noch nicht in der Lage, selbstständig auf ein Sofa zu springen, trotzdem wird er es jedoch versuchen. Ein energisches „Nein" und eine ruhige Sperrung mit der Hand sind hier angebracht. Zeigt der Welpe das gewünschte Verhalten, loben Sie ihn und geben ein Leckerchen oder sein Lieblingsspielzeug. Alternativ dazu empfiehlt es sich, dem Welpen sein Körbchen direkt neben das Sofa zu stellen und ihm seinen Platz so gemütlich und attraktiv wie möglich zu machen.

Übermäßiges Bellen

Dauerkläffen kann verschiedene Ursachen haben. Viele Hunde bellen, um mehr Aufmerksamkeit zu bekommen. Ihre wütende Reaktion reicht ihnen meist schon als Bestätigung und Motivation, weiterzumachen. Andere Vierbeiner bellen aus Unsicherheit oder Angst. Etliche sensible Vertreter werden gerade während Ihrer Abwesenheit aus Verlassensangst laut (siehe Seite 57 „Alleinbleiben")

Haltung

Damit übermäßiges Bellen aus Langeweile unterbleibt, ist ein vielseitiges Beschäftigungsprogramm wichtig.

Manchen Kläffern wurde das Bellen auch unbewusst anerzogen. Gerade bei Junghunden wird das Anschlagen häufig in bestimmten Situationen durch eine Belohnung gefördert. Yorkshire Terrier sind in der Regel sehr wachsam, was vor allem in Verbindung mit Langeweile zu einem lästigen Dauerbellen führen kann. Oft steigern sich Hunde immer weiter in ihr Kläffen hinein. Um übermäßiges Bellen abzustellen, ist in erster Linie eine intensive, auslastende Beschäftigung wichtig. Fordern Sie Ihren Yorkie mit einer alternativen Aufgabe. Loben und Belohnen Sie Ihren Hund in Bellpausen ausgiebig. Lassen Sie Ihren redseligen Vierbeiner während seiner „Arie" ins „Platz" gehen: Im Liegen fühlen sich Hunde unsicherer und möchten nicht noch zusätzlich auf sich aufmerksam machen. Auch ein Kauknochen kann hilfreich sein.

Bellt Ihr Yorkshire Terrier im Garten oder auf dem Balkon, wirkt eine Wasserpistole mit größerer Reichweite Wunder: Der Hund wird überraschend getroffen und verbindet die Strafe nicht mit Ihrer Hand.

Grundkommandos

„Sitz"

Sobald Ihr Yorkie zuverlässig auf seinen Namen reagiert, beginnen Sie mit der „Sitz"-Übung. Nehmen Sie hierfür ein Leckerli in die Hand, zeigen Sie es Ihrem Hund, damit er aufmerksam wird, aber geben Sie es ihm noch nicht. Führen Sie nun den Futterbrocken langsam an der Nasenspitze des Vierbeiners vorbei nach oben und dann nach hinten, in Richtung Hundestirn. Da Ihr haariger Schüler dem verlockenden Leckerbissen folgen möchte, muss er sich am Ende Ihrer Handbewegung zwangsläufig hinsetzen. Belohnen Sie ihn jetzt sofort mit der Leckerei, sagen Sie dabei das Kommando „Sitz" und loben Sie ihn ausgiebig. Wiederholen Sie diese Übung mehrmals täglich. Setzt sich Ihr Vierbeiner nicht hin, drücken Sie zusätzlich sanft sein Hinterteil nach unten. Loben und belohnen Sie sofort, wenn er sitzt und geben Sie auch den Befehl „Sitz". Klappt die Lektion schließlich auf Kommando, verwenden Sie zusätzlich zur Sprache ein Sichtzeichen (z. B. erhobener Zeigefinger). Später genügt das visuelle Signal, damit Ihr Yorkshire Terrier absitzt. Das Erlernen von Sichtzeichen kann Ihnen und Ihrem

Aufgepasst!

*Trainieren Sie mit Ihrem Hund nur, wenn Sie seine volle **Aufmerksamkeit** haben. Machen Sie sich für Ihren Vierbeiner zunächst also mit einem Leckerli oder seinem Lieblingsspielzeug interessant. Beginnen Sie die Übung erst, wenn Ihr Vierbeiner genau auf Sie achtet.*

Erste Erziehungsschritte

Mithilfe eines Leckerlis lernt ein Welpe das „Sitz" normalerweise sehr schnell.

Nicht alle Hunde legen sich auf Befehl hin, denn das ist eine Art der Unterordnung.

Hund vor allem auf die Entfernung hin sehr nützlich sein. In der Regel lernen Hunde das „Sitz" sehr schnell.

„Platz"
Das Einüben des „Platz"-Befehls ist häufig schwieriger als das Erlernen des Kommandos „Sitz", weil das Hinlegen auf Befehl vom Hund als Unterordnung empfunden wird. Nicht jeder Vierbeiner möchte sich so einfach ergeben, daher kann es hierbei vor allem mit sehr selbstbewussten Hunden Probleme geben.
Lassen Sie Ihren Yorkie zunächst vor Ihnen absitzen und anschließend an Ihrer Hand schnuppern, in der ein Leckerli versteckt ist. Gehen Sie dann mit Ihrer verlockend duftenden Hand von der Hundenase abwärts zwischen den Vorderbeinen des Hundes bis auf den Boden; dort angekommen ziehen Sie das Leckerli langsam zu sich her. Da Ihr haariger Schüler dem Futterbrocken mit der Nase folgen möchte, wird er sich aus Bequemlichkeit am Ende von selbst hinlegen, um besser an Ihre Hand zu gelangen. Sagen Sie genau in diesem Moment „Platz", loben Sie den Hund ausgiebig und belohnen Sie ihn mit dem Leckerli. Diese Übung funktioniert auch, wenn Sie sich auf den Boden knien, ein Bein nach vorne ausstrecken und den Hund mit einem Leckerli unter Ihrem gestreckten Bein hindurch locken. Auch dieses Kommando sollten Sie anfangs rasch wieder auflösen. Klappt das „Platz", führen Sie ein zusätzliches Sichtzeichen ein. Winkeln Sie dafür beispielsweise Ihren Unterarm im 90°-Winkel an und strecken Sie ihn langsam nach unten aus; Ihre Handfläche bleibt dabei ebenfalls ausgestreckt.

Haltung

Lern-Tipps

ⓘ Trainieren Sie kein neues Kommando ehe das vorher angefangene nicht sicher klappt!
ⓘ Üben Sie nie mit Ihrem Hund, wenn Sie gestresst und schlecht gelaunt sind oder keine Zeit haben. Ihre negative Stimmung überträgt sich sofort auf Ihren vierbeinigen Schüler; er ist dadurch verunsichert und bekommt unter Umständen eine Lernblockade. An erster Stelle des Trainings muss immer Spaß und gute Laune stehen.
ⓘ Eine leise Stimme reicht vollkommen aus. Ein zu lauter oder sehr forscher Tonfall kann sensible Vierbeiner schon unnötig einschüchtern.
ⓘ Trainieren Sie nicht zu lang: Pausen sind in der Hundeerziehung enorm wichtig, da der Hund das Gelernte dann noch einmal in Ruhe verarbeitet.
ⓘ Wechseln Sie immer wieder Trainingszeit und -ort, damit für den Hund kein Gewöhnungseffekt auftritt und der Vierbeiner nicht nur zu einer bestimmten Zeit an einem bestimmten Ort folgt.

Mit dem Kommando „Bleib" macht Ihr Yorkie auch als Fotomodell eine gute Figur.

„Bleib"

Das Kommando „Bleib" wird in der Hundeerziehung meist unterschätzt. In vielen Situationen kann es von großer Bedeutung sein, den Vierbeiner in einer bestimmten Position verharren zu lassen. So hat sich das „Bleib" beispielsweise bei der Körperpflege, beim Warten an einer Straße oder um den Hund von der Verfolgung einer Katze abzuhalten bewährt.

Am leichtesten lernt Ihr Yorkshire Terrier den Befehl „Bleib" über die Grundkommandos „Sitz" und „Platz". Lassen Sie Ihren Vierbeiner zunächst vor Ihnen absitzen oder abliegen. Kombinieren Sie dabei das „Sitz" oder „Platz" mit dem Wort „Bleib"; verwenden Sie zusätzlich von Anfang an folgendes Sichtzeichen: Ihre Handfläche zeigt am ausgestreckten Arm zu Ihrem Hund. Dies symbolisiert Ihrem Hund ein Stopp bzw. ein Verharren in der momentanen Position. Erstrecken Sie das „Bleib" anfangs nur über eine sehr kurze Zeitspanne und steigern Sie diese erst allmählich. Loben Sie wie immer viel und schimpfen Sie nicht, wenn Ihr vierbeiniger Schüler zunächst nicht in der gewünschten Stellung bleibt. Hier helfen nur Geduld und ein ruhiges „Nein" sowie das anschließende erneute In-Position-Bringen unter Verwendung der entsprechenden Befehle (z. B. „Sitz und Bleib") und des Sichtzeichens. Vergrößern Sie neben dem Zeitfaktor allmählich auch die Entfernung zum Hund. Steigern Sie den Schwierigkeitsgrad langsam, indem Sie die Übungsorte wechseln, und außerdem Ablenkungen für Ihren Hund schaffen, auf die er natürlich nicht reagieren darf

Beherrscht Ihr Vierbeiner das Kommando „Bleib" perfekt, können Sie es ab jetzt in Ihren Alltag einbauen.

Erste Erziehungsschritte

Wichtiges Auflösungskommando

Vergessen Sie nicht, Befehle wie „Sitz", „Platz", „Bleib" oder „Hier" durch ein entsprechendes Gegenkommando wie beispielsweise „Lauf" wieder aufzuheben.
Achtung: *Besonders zu Beginn der Ausbildung ist es sehr wichtig, ein Kommando schnell wieder aufzulösen. In jedem Fall bevor der Hund von sich aus aufsteht und die Übung nach seinem Ermessen beendet!*

Bei schlechtem Wetter können Sie das „Bleib" auch gut im Haus üben.

(z. B. durch Geräusche, Gegenstände, andere Menschen, andere Hunde). Schließlich soll Ihr Vierbeiner, selbst wenn Sie außer Sichtweite sind, in der gewünschten Position verharren. Erschweren Sie die Übung immer erst dann, wenn der vorausgegangene Schritt wirklich sitzt. Beherrscht Ihr wedelnder Freund das Kommando „Bleib" perfekt, können Sie den Befehl ab jetzt in diversen Situationen in Ihren Alltag integrieren. Auch bei Fotoaufnahmen macht Ihr Yorkie nun als ruhig verharrendes Modell eine gute Figur. Ebenso hilfreich ist das „Bleib" für das Erlernen von Kunststückchen.

„Hier"

Üben Sie das Herkommen zunächst in einem abgeschlossenen Terrain, in dem sich für den Hund möglichst wenige Ablenkungen bieten. Stellen Sie sich in kurzer Distanz vor den Hund hin und gehen Sie in die Hocke. Ist Ihr Yorkshire Terrier voll auf Sie konzentriert, rufen Sie ihn beim Namen und gleich darauf das Kommando „Hier". Locken Sie Ihren Hund zusätzlich mit einem Leckerli oder seinem Lieblingsspielzeug. Kommt der Vierbeiner auf Sie zu, loben und belohnen Sie ihn ausgiebig. Vergrößern Sie die Distanz nach und nach. Gehen Sie jedoch wie immer erst zur nächsten Trainingseinheit über, wenn die Vorherige sicher sitzt. Loben Sie den Vierbeiner wieder überschwänglich, wenn er bei Ihnen ankommt.

Klappt das „Hier" zuverlässig in abgeschlossenem Terrain, beginnen Sie mit ersten Übungen im freien Feld. Dabei erweist sich eine leichte, 10 m lange Schleppleine als hilfreich, außerdem ein Brustgeschirr. Lassen Sie die Leine neben dem Hund schleifen. Reagiert er nicht auf das Kommando „Hier", ziehen Sie ganz sanft und kommentarlos an der Leine bis Ihr Yorkshire Terrier von selbst in Ihre Richtung läuft; dann loben Sie ihn sofort wieder. Schnell lernt Ihr haariger Gefährte, Ihren verlängerten Arm zu respektieren und zuverlässig auf Befehl zu kommen, auch wenn Ablenkungen in der Nähe sind.

Üben Sie das „Hier" zunächst in einem eingezäunten Gelände.

Haltung

Machen Sie sich interessant

Macht Ihr Hund keine Anstalten, auf Befehl zu Ihnen zurückzukommen, sind Sie sicherlich zu uninteressant für ihn. Versuchen Sie die Aufmerksamkeit Ihres Vierbeiners mit einer spannenden Stimme, dem Zeigen eines Leckerlis, einer lustigen Spielaufforderung oder einem Sprint in die entgegengesetzte Richtung zu erreichen. Erst dann wird er auf Ihr Kommando reagieren.

Kommt Ihr Hund erst nach längerem Warten zu Ihnen zurück, schimpfen Sie ihn auf keinen Fall, denn dann verbindet er die Schelte gerade mit seiner Rückkehr. Er hat längst vergessen, dass er nicht auf den „Hier"-Befehl gehört hat.

Die tägliche Fütterung eignet sich ebenfalls als Lockmittel. Wartet der Hund beispielsweise hungrig auf sein Futter, bringen Sie ihn in ein anderes Zimmer, in dem er von einer Hilfsperson festgehalten wird. Gehen Sie dann zurück zum Napf und rufen „Hier". Der Vierbeiner wird losgelassen und rennt sofort zu Ihnen beziehungsweise seinem heiß ersehnten Fressen.

Bei dieser Methode verknüpft Ihr Yorkie den „Hier"-Befehl immer mit etwas Angenehmem. Kommt Ihr Hund mehr oder weniger zufällig zu Ihnen, sagen Sie erneut sofort das Kommando „Hier" und loben und belohnen Sie ihn überschwänglich. Auch dieses Zufallsprinzip ist Erfolg versprechend.

Lob und Strafe

Lob ist in der Hundeerziehung der Schlüssel zum Erfolg. Belohnen Sie jeden Schritt in die richtige Richtung eines erwünschten Verhaltens sofort, auch wenn Ihr Hund zufällig handelt. Nur so motivieren Sie Ihren Vierbeiner, aus Spaß an der Freude mit Ihnen weiterzuarbeiten. Richten Sie die Art der Belohnung individuell nach den Vorlieben Ihres Yorkies: Manche Hunde freuen sich schon sehr über ein gesprochenes Lob und Streicheleinheiten, andere bevorzugen Leckerlis; einige Vertreter sind glücklich, wenn sie ihr Lieblingsspielzeug bekommen, wieder andere empfinden ein lustiges Spiel als tolle Belohnung. Bei sehr aufgeregten, hyperaktiven Hunden kann es allerdings von Vorteil sein, den Vierbeiner nicht zu

Sie können das gesprochene Kommando zusätzlich mit einer Hundepfeife unterstreichen, die Ihr Vierbeiner später auch in größerer Entfernung hört.

Nur wenn Sie richtig interessant sind, wird Ihr Yorkie auf Ihr Kommando reagieren und freudig herkommen.

Erste Erziehungsschritte

überschwänglich zu loben, weil sich dadurch die Freude des Hundes, die zwar absolut erwünscht ist, unter Umständen so hochschaukelt, dass ein konzentriertes Weiterarbeiten anschließend kaum noch möglich ist. Ruhigere Vierbeiner sollten hingegen mit stark motivierendem Lob aus der Reserve gelockt werden. Setzen Sie Strafen nie in Form von körperlicher Gewalt ein: Eine körperliche Züchtigung kann, abgesehen von einem raschen Vertrauensbruch, sogar als positive Verstärkung wirken, schließlich bekommt der Vierbeiner damit Aufmerksamkeit bzw. Zuwendung, auch wenn diese negativer Art ist. Sie bestärkt ihn wiederum in seinem Fehlverhalten und veranlasst ihn dazu, weiterzumachen. Deutlich wirkungsvoller als Gewalt ist der Entzug von Zuwendung, wenn es die Situation zulässt. Ignorieren Sie unerwünschtes Verhalten also einfach. Bellt Ihr Hund beispielsweise übermäßig, beachten Sie es nicht. Belohnen Sie andererseits aber jede Bellpause. So lernt Ihr vierbeiniger Freund, dass sich Nicht-Bellen mehr auszahlt als Kläffen. Wirkungsvoll ist außerdem, Ihren Vierbeiner mit einem energischen „Nein" und „Geh Körbchen" auf seinen Platz zu schicken und ihn dort zu ignorieren. Das Umfassen der Hundeschnauze mit der flachen Hand von oben (Schnauzgriff) ist hilfreich, um die Rangordnung klarzustellen. Damit wird das Zurechtweisen eines ranghöheren Rudelmitglieds über den Nasenrücken des Untergebenen nachgeahmt. Bestimmte Angewohnheiten können Sie Ihrem Hund auch abgewöhnen, indem Sie ihm seine Macken einfach verleiden oder seine Aufmerksamkeit auf etwas Erlaubtes umlenken (siehe Seite 58 „Abgewöhnen von Jugendsünden").

Fazit Sparen Sie in der Hundeerziehung nicht mit Lob und Belohnung. Strafen Sie dagegen nur wohldosiert und gut überlegt, denn das Vertrauen eines Vierbeiners ist durch unüberlegtes Handeln schneller zerstört, als es sich später wieder aufbauen lässt.

Beidseitiges Vertrauen ist wertvoll. Zerstören Sie dies nicht durch unüberlegtes Strafen.

Bitte beachten Sie Schwerwiegende Verhaltensauffälligkeiten wie Schnappen oder Beißen dürfen nicht ignoriert werden. Wenden Sie sich in einem solchen Fall unbedingt an einen kompetenten Hundetrainer.

Der Entzug von Zuwendung ist viel wirkungsvoller als Gewalt. Unerwünschtes Verhalten sollte von Ihnen ignoriert werden.

Am besten gewöhnen Sie Ihren Kleinen schon von Anfang an an die wichtigsten Pflegemaßnahmen.

Pflege

Die wichtigsten Pflegemaßnahmen

Bestimmte Pflegemaßnahmen sind bei Hunden unerlässlich. Gewöhnen Sie daher am besten schon Ihren Welpen an die wichtigsten Handgriffe. Gehen Sie grundsätzlich bei allen Pflegemaßnahmen sanft und behutsam vor. Macht das Hundekind hier schlechte Erfahrungen oder dauert es ihm zu lang, wird es Körperpflege zukünftig als unangenehm empfinden und ihr lieber aus dem Weg gehen wollen. Pfotenabputzen und Stillhalten beim Bürsten müssen erst einmal gelernt werden. Führen Sie Ihren Welpen auch möglichst frühzeitig an die Augen-, Ohr-, Zahn- und Krallenkontrolle heran. Bleibt Ihr Hundekind bei der Pflege ruhig und gelassen, belohnen und loben Sie es ausgiebig. Wehrt sich dagegen Ihr junger Vierbeiner oder wird er albern, bringen Sie ihn mit einem bestimmten „Nein" zur Ruhe. Hält er wieder still, loben und belohnen Sie ihn sofort.

Fellpflege
Wölfe haben ihre ganz eigene Art der Fellpflege: Sie nehmen Sand- und Schlammbäder, die gleichzeitig wie eine Massage wirken und die Talgdrüsen der Haut anregen. Die Haare werden durch Lecken gereinigt, wobei der Speichel dabei Keime abtötet. Unsere Hunde verhalten sich ganz ähnlich, allerdings entspricht diese Art der Fellpflege nicht unserem hygienischen Verständnis, sodass wir hier gerne nachhelfen. Yorkshire Terrier verfügen über eine menschenähnliche Haarstruktur. Tägliches Bürsten und Kämmen ist Pflicht, damit das feine Haar nicht verfilzt. Weil das Yorkie-Fell wie bei uns Menschen schnell fettig wird, sollte der langhaarige Vierbeiner alle zwei bis drei Wochen mit einem geeigneten Shampoo gebadet werden. Aufgrund dieser besonderen Haarstruktur schadet dem Säureschutzmantel eines Yorkshire Terriers häufiges Baden mit einem speziellen (!) milden Hundeshampoo nicht, im Gegensatz zu anderen Rassen. Dadurch bleibt das Fell auch gut kämmbar. Manche Yorkshire-Halter wickeln das Haar ihres Vierbeiners strähnchenweise in Spezialpapier ein, um Haarbruch zu vermeiden und eine optimale Länge zu erreichen. Dies ist bei einem Liebhaber- oder Familien-Yorkie jedoch absolut unnötig.

Generell ist der quirlige Terrier, was seine Frisur betrifft, sehr wandlungsfähig. Je nach Geschmack des Besitzers kann der kleine Vierbeiner sein Haar lang tragen oder einen flotten Kurzhaarschnitt bekommen. Da das Fell sehr schnell nachwächst, ist dem pfiffigen Energiebündel auch nach einem Sommerschnitt sein langes, wärmendes Winterfell sicher. Bei einem ungeschnittenen Yorkie empfiehlt es sich, nach Bedarf die Haare an den Pfoten,

Die Fellpflege ist bei Ihrem Yorkie unerlässlich. Gehen Sie dabei sanft und behutsam vor.

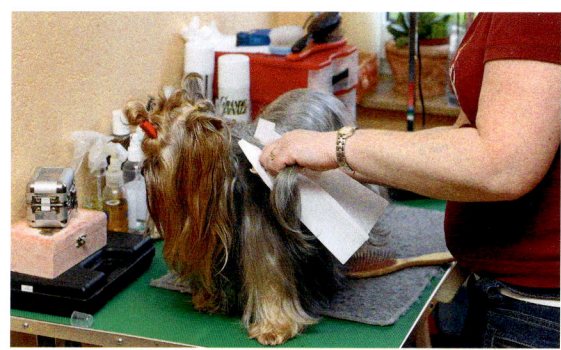
Eine optimale Haarlänge lässt sich erreichen, wenn das Fell strähnchenweise in Spezialpapier eingewickelt wird, zudem lässt sich so Haarbruch vermeiden.

Entfernen Sie bereits bei Ihrem Kleinen regelmäßig im oberen Drittel die Haare der Ohren.

Haltung

Generell ist der quirlige Terrier, was seine Frisur betrifft, sehr wandlungsfähig. Je nach Geschmack des Besitzers kann der kleine Vierbeiner sein Haar lang tragen oder einen flotten Kurzhaarschnitt bekommen.

den Ohrspitzen und am Hinterteil zu kürzen, um Verfilzungen zu vermeiden. Ein geschnittener Bart kann sinnvoll sein, wenn die Haare beim Trinken und Fressen stören. Bereits beim Welpen sollten die Haare des oberen Drittels der Ohren regelmäßig mit einer Schermaschine oder einer an den Spitzen abgerundeten Schere entfernt werden.

Das Fell an den Pfötchen und zwischen den Ballen bedarf ebenfalls einer regelmäßigen Kontrolle, wegen der Trittsicherheit und um schmerzhafte Filzknötchen, die beim Laufen behindern, zu vermeiden. An das Bürsten gewöhnt sich der Yorkie in der Regel schnell, denn bald merkt er, dass Fellpflege auch eine sehr angenehme Massage sein kann, die hervorragend die Durchblutung der Haut anregt. Seien Sie allerdings besonders vorsichtig bei Welpen: Ziept das Kämmen, könnten Sie ihm die Fellpflege leicht dauerhaft verleiden.

Bürsten und kämmen Sie immer mit dem Strich, also in Haarwuchsrichtung von vorne nach hinten und untersuchen Sie Ihren wedelnden Freund nebenbei gleich auf einen eventuellen Parasitenbefall oder Hautverletzungen.

Lassen Sie einen frisch gebadeten Yorkie, auch wenn er trocken geföhnt wurde, an kalten Tagen wegen der Erkältungsgefahr nicht sofort ins Freie, sondern stellen Sie seinen Korb in die Nähe der wärmenden Heizung.

Pfoten

Wenn sich die Krallen Ihres Yorkshires nicht auf natürliche Weise abnützen, müssen sie von Zeit zu Zeit geschnitten werden, um ein Abrechen zu verhindern. Am besten sitzt Ihr Yorkie dabei auf Ihrem Schoß. Führen Sie Ihren Welpen ganz langsam und in kleinen Schritten an die Krallenpflege heran: Anfangs nehmen Sie immer wieder abwechselnd eine seiner Pfoten auf und halten diese kurz in der Hand. Will Ihr Hund seine Pfote wegziehen oder fasst er Ihr Vorgehen als lustiges Spiel auf, korrigieren Sie ihn mit einem energischen „Nein". Verhält er sich ruhig, loben Sie ihn ausgiebig. Verwenden Sie zum Krallenschneiden eine spezielle Zange aus dem Fachhandel.

Pflege

Sie sollten Ihrem Yorkie die Krallen ab und an schneiden lassen, wenn sich diese nicht auf natürliche Weise abnutzen.

Achten Sie darauf, dass Sie keine Blutgefäße verletzen. Am besten lassen Sie sich von Ihrem Tierarzt die richtige Technik zeigen.

Das Pfotenabputzen üben Sie ebenfalls durch das abwechselnde Aufnehmen der Pfoten. Beißt Ihr Junghund während des Abputzens in das Handtuch, reagieren Sie erneut mit einem „Nein". Verhält er sich dagegen brav, bekommt er am Ende wieder eine Belohnung. Kontrollieren Sie im Winter zusätzlich regelmäßig die Ballen, denn durch das viele Streusalz wird die Pfotenunterseite leicht trocken oder rissig. Hier hilft einreiben mit Hirschtalg, Melkfett oder Vaseline. Gerade im Winter ist es wichtig, das Fell an den Pfötchen und Ballen zu kürzen, damit sich keine schmerzhaften Schneeklumpen in den Haaren bilden, die den Yorkie beim Laufen behindern.

Augen, Ohren, Zähne

Führen Sie Ihren Hund besonders behutsam an die Augenpflege heran; streichen Sie Ihrem Welpen schon im Spiel oder während des Streichelns immer wieder kurz über die Augen. Entfernen Sie Sekret oder Verkrustungen in den Augenwinkeln später mit einem weichen, feuchten, sauberen Tuch. Im Zoofachhandel bekommen Sie hierfür spezielle Pflegetücher.

Kontrollieren Sie auch ab und zu die Ohren Ihres Vierbeiners. Achten Sie darauf, dass sich weder Krusten oder Fremdkörper im Ohr befinden noch Haare in den Gehörgang wachsen. Eventuell vorgefundene, unangenehme Parasiten müssen schnell behandelt werden. Halten Sie das Hundeohr sauber, damit es nicht zu schmerzhaften Entzündungen durch Bakterien oder Pilze kommt. Verwenden Sie für die eventuell nötige Säuberung des Gehörgangs jedoch keine Wattestäbchen, sondern nur spezielle Flüssigreiniger vom Tierarzt.

Eine regelmäßige Zahnkontrolle führen Sie am besten von klein auf bei Ihrem Yorkshire Terrier durch. Während des Zahnwechsels braucht der junge Vierbeiner genügend Kaumaterial. Harte Leckereien zwischendurch entfernen schädliche Beläge. Zur dauerhaften

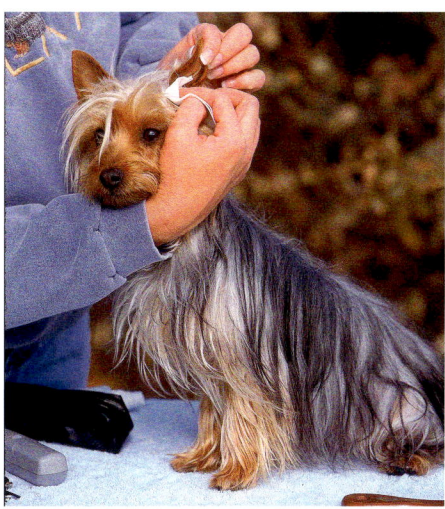

Säubern Sie die Hundohren regelmäßig, damit es nicht zu schmerzhaften Entzündungen durch Bakterien oder Pilze kommt.

Haltung

Gewöhnen Sie Ihren Hund von klein auf an das Kontrollieren der Zähne und das Zähneputzen.

Spezielle Bürsten und Kämme gehören zu den wichtigen Pflegeutensilien eines Yorkshire Terriers.

Zahnwechsel bei Welpen

Der Zahnwechsel beginnt etwa im vierten bis fünften Lebensmonat des Welpen. Geben Sie Ihrem Vierbeiner in dieser Zeit genügend Kaumaterial wie Büffelhautknochen und Spielzeug aus Hartgummi. Gegen eventuell auftretende Schmerzen helfen, wie bei Babys, das zuckerfreie Dentinox-Gel aus Kamillenblüten oder das homöopathische Kombi-Präparat Osanit. Fällt ein Milchzahn nicht von selbst aus, obwohl schon der neue Zahn sichtbar ist, sollten Sie den alten vom Tierarzt ziehen lassen, damit es nicht zu Gebissfehlstellungen kommt.

Die wichtigsten Pflegeutensilien

✓ Bürste und Kamm, Hundeshampoo
✓ Flüssiger Ohrreiniger vom Tierarzt
✓ Reinigungstücher für die Augen
✓ Hundezahnbürste und -pasta bzw. Kaustripes zur Zahnpflege
✓ Krallenschere
✓ Vaseline, Hirschtalg oder Melkfett zur Ballenpflege
✓ Zeckenzange

Gesunderhaltung von Zähnen und Zahnfleisch empfiehlt sich regelmäßiges Zähneputzen; hierfür gibt es im Zoofachhandel oder bei Ihrem Tierarzt Hundezahnbürsten und -pasten. Aber auch zahnpflegende Kaustripes haben sich bewährt. Allerdings sind diese in Hundekreisen wohl Geschmacksache und nicht bei jedem Vierbeiner beliebt.

Schmuddelwetter-Tipps

Das wichtigste Utensil an Schlechtwettertagen ist sicherlich ein Handtuch. Um Ihren Yorkshire Terrier schon vor dem Einsteigen ins Auto gründlich abrubbeln zu können, lagern Sie dort am besten ein Tuch griffbereit. Im Fahrzeug selbst hat es sich bewährt, den Hundeplatz mit einer waschbaren Decke oder einer Gummischmutzfangmatte auszustatten: Beide Teile sind leicht separat zu reinigen, ohne dass Sie gleich das ganze Auto einer Komplettreinigung unterziehen müssen. Ebenfalls möglich ist die Unterbringung des nassen Hundes in einer mit saugfähigen Tüchern ausgelegten Transportbox, denn auch diese ist einfach zu säubern und begrenzt den Schmutzeintrag auf eine kleine Fläche.

Deponieren Sie ein weiteres Handtuch vor der Haustür, denn putzen Sie Ihren verdreckten

Pflege

Gerade in der Schmuddelwetterzeit ist es sinnvoll, immer ein Handtuch zur Säuberung und Trocknung Ihres Hundes griffbereit zu haben.

Weitere Pflege-Tipps

Regelmäßige Impfungen gegen Staupe, Hepatitis, Leptospirose, Parvovirose und Tollwut sowie Entwurmungen gehören ebenfalls zu den obligatorischen Pflegemaßnahmen bei einem Hund. Um einen Parasitenbefall zu vermeiden, ist außerdem ein sauberer Schlafplatz wichtig: Verwenden Sie nur Decken, Kissen oder Polster, die maschinenwaschbar sind. Untersuchen Sie Ihren Hund zudem von Frühjahr bis Herbst täglich auf Zecken, denn diese könnten ihn mit Borreliose infizieren. Spezielle Präparate, die vor starkem Zeckenbefall schützen, bekommen Sie bei Ihrem Tierarzt. Am besten lassen Sie sich bezüglich der Auswahl eines geeigneten Mittels von ihm beraten.

Yorkshire Terrier bereits vor der Wohnung gründlich ab, bleibt der meiste Schmutz auf jeden Fall draußen.

Hat Ihr haariger Kumpel jederzeit freien Zugang nach draußen, empfiehlt sich ein feuchtes oder gut saugendes Tuch auf dem Boden des Verbindungsbereichs zwischen Haus und Garten. Läuft Ihr Hund nun in die Wohnung, tritt er sich schon ganz automatisch die Pfoten auf seinem „Eingangsteppich" ab. Für die Hausfrau ist es natürlich auch praktischer, dem langhaarigen Zwerg das Haar an Bauch und Pfoten einzukürzen.

Gerade in der Schmuddelwetterzeit ist es von großem Vorteil, wenn Ihr Vierbeiner auf Kommando seinen Platz aufsucht und dort so lange bleibt, bis Sie den Befehl wieder aufheben. Ist Ihr wedelnder Freund also noch nicht ganz trocken, können Sie ihn sofort nach der Rückkehr vom Spaziergang in sein Körbchen schicken, ehe er überhaupt die Gelegenheit hatte, den Dreck im ganzen Haus zu verteilen. Damit sich ein noch feuchter Vierbeiner schneller wieder aufwärmt, ist ein Hundeplatz an der Heizung empfehlenswert. Beachten Sie

Wurmkuren sind wichtig, da sich der auf Wiesen und Feldern umherstreifende Yorkie überall mit Wurmeiern infizieren kann.

dagegen unbedingt: Zugluft ist für einen nassen Hund Gift.

Besonders intelligente Vertreter lernen mit Geduld und Geschick ihres Menschen, sich bereits vor dem Haus auf Befehl zu schütteln oder auf dem Fußabstreifer die Pfoten abzuputzen.

Haltung

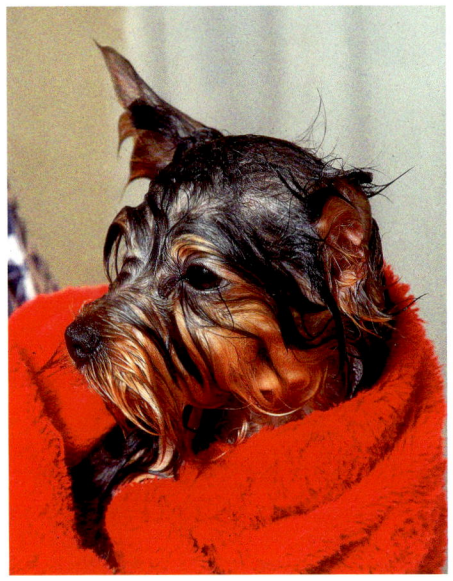

Trocknen Sie Ihren nassen Hund zu Hause gut ab und lassen Sie ihn anschließend an einem warmen, zugluftfreien Platz ruhen.

Gewöhnen Sie Ihrem Vierbeiner außerdem von vornherein ab, Sie oder andere Menschen anzuspringen: Besucher mit hellen Hosen werden nicht sehr von einer stürmischen Begrüßung Ihres nassen Yorkies begeistert sein.
Für Sie als begleitender Zweibeiner ist ein extra Schlechtwetter-Dress ratsam, das heißt: Tragen Sie lieber ältere, zweckdienliche Kleidung und nicht gerade die tollsten Neuerwerbungen. Auch eine Regenhose ist praktisch – sie schützt Ihre Hosen vor Nässe und Schmutz. Gummistiefel dürfen in keinem Hundehaushalt fehlen, so bleiben gute Halbschuhe an Schlechtwettertagen trocken.

Wellness für den Yorkshire Terrier

Wellness macht Spaß, und zwar nicht nur uns Menschen. Auch Ihrem Yorkie können Sie mit entsprechenden Maßnahmen etwas Gutes tun. Ihr Vierbeiner wird es genießen, sich einmal so richtig von Ihnen verwöhnen zu lassen.

Bachblüten und Homöopathie

Bestimmte Bachblüten und homöopathische Mittel verhelfen Ihrem Hund zu neuen Kräften. So wirken beispielsweise die Blüten Centaury, Chicory, Clematis und Crap Apple entschlackend und reinigend. Crap Apple hat außerdem eine ausgleichende Wirkung auf den Stoffwechsel und das Immunsystem. Centaury erfrischt und vitalisiert. Olive stellt das innere Gleichgewicht bei Erschöpfung wieder her, Agrimony stärkt und schützt vor Überbelastung. Die Abwehrkräfte Ihres Yorkshire Terriers werden mit Echinacea-Globuli gestärkt. China und Ignatia haben sich bei Erschöpfungszuständen und Stress bewährt. Gegen Muskelkater und Überanstrengung eignen sich innerlich Arnika und Traumeel. Bei Verspannungen kann Magnesium phosphoricum helfen.
Inzwischen gibt es schon fertige Bachblütenmischungen oder homöopathische Präparate im Zoofachhandel zu kaufen. Möchten Sie jedoch tiefer in die Materie einsteigen, lassen Sie sich von einem erfahrenen Therapeuten beraten.

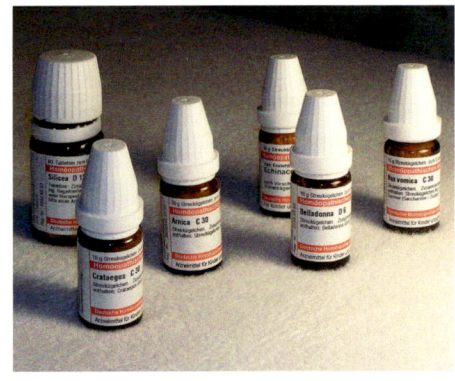

Bachblüten und Homöopathie bewähren sich auch im Wellnessbereich.

Pflege

Mit Massage, Akupressur und TTouch® entspannen

Eine wohltuende Massage darf in keinem Verwöhnprogramm fehlen. Sie erfolgt am besten in Bauch- oder Seitenlage des Hundes. Dabei können Sie in einfachen, geraden Linien streicheln oder in Wellen; auch ein Kreisen Ihrer Hand wirkt entspannend. Variieren Sie zusätzlich den Druck; massieren Sie jedoch nicht zu kräftig, Ihr Hund soll sich schließlich wohlfühlen und keine Schmerzen haben. Bearbeiten Sie besonders belastete Partien wie die Beinmuskulatur extra mit den Fingerkuppen. Lockernd wirkt leichtes Kneten und Rollen von Haut und Muskeln. Streichen Sie am Ende einer Massage immer den ganzen Körper des Hundes noch einmal sanft aus. Eine Massage sollte nicht länger als 15–20 Minuten dauern. Gewöhnen Sie Ihren Yorkshire Terrier

Auch ausgiebiges Streicheln kann eine entspannende Massagewirkung haben.

erst langsam an diese Zeitspanne. Massieren Sie nie, wenn Ihr Vierbeiner eine Infektion oder gerade gefressen hat.

Die Akupressur ist eine Abwandlung der Akupunktur. Hier wird ohne Nadeln, nur mit der Berührung und dem Druck der Finger gearbeitet. Dies hat neben dem körperlichen Aspekt auch eine sehr positive, entspannende Wirkung auf die Psyche des Hundes.

Die TTouch®-Methode hingegen besteht aus unterschiedlichen Bewegungen und Handpositionen, die im Uhrzeigersinn auf der Haut des Hundes in verschiedenen Druckstärken ausgeführt werden. Vor allem bei seelischen Störungen sowie zur allgemeinen Beruhigung, zum Stressabbau und Wiederherstellung des Vertrauens hat sich der TTouch® bewährt. Auch zur Schmerzlinderung wird diese Methode erfolgreich eingesetzt. Etliche Hundeschulen bieten inzwischen TTouch®-Seminare an.

Wellness vom Profi

Inzwischen bieten viele Hundephysiotherapeuten auch Wohlfühlbehandlungen für Hunde an. Dabei werden häufig verschiedene Techniken miteinander kombiniert. So erhält die Massage Ihres Vierbeiners gleichzeitig eine Untermalung mit angenehmen Düften und entspannender Musik. Beruhigendes Licht darf dabei selbstverständlich ebenfalls nicht fehlen. Neben der herkömmlichen Massage gehören häufig auch Fuß- oder Ohrreflexzonenmassagen zum Behandlungsspektrum. Einige Therapeuten verfügen sogar über eigene Hundeschwimmbäder. Manche Praxen bieten Kurse in Massage, Akupressur und TTouch® für den Eigengebrauch an. Außerdem finden Sie im Fachhandel interessante Bücher zum Thema. Wer die Kosten nicht scheut, kann sich auch zusammen mit seinem Hund in speziellen Wellness-Hotels verwöhnen lassen.

Haltung

Aroma-, Farb- und Musiktherapie für neues Wohlbefinden

Die Aromatherapie fördert die seelische Ausgeglichenheit, aktiviert den Kreislauf und stärkt die Abwehrkräfte. Sie erfrischt und verhilft zu neuer Energie. Die ätherischen Öle werden dabei entweder in einer Duftlampe, einem Kräutersäckchen, einem speziellen Hundehalstuch oder direkt auf dem Liegeplatz Ihres Hundes angewendet, allerdings wohldosiert (2–3 Tropfen) und nur, wenn es Ihrem Vierbeiner auch wirklich behagt. Eine Duftlampe sollte mindestens eine Stunde brennen. Da ein Hund sehr empfindliche Schleimhäute hat, dürfen Sie die Öle nie direkt auf ihn träufeln. Stärkend, aufbauend und reinigend für den gesamten Organismus wirken Lavendel, Orange, Zitrone, Geranium, Grapefruit und Muskatellersalbei. Mandarine und Melisse beruhigen und entspannen. Mimose baut zusätzlich seelisch auf. Zimt und Vanille wird

Lassen Sie sich verwöhnen: Buchen Sie einen gemeinsamen Urlaub mit Ihrem Hund in einem speziellen Wellness-Hotel.

Eine sanfte, sparsam dosierte Aromatherapie kann Ihrem Yorkie zu neuer Energie verhelfen.

Wie Untersuchungen zeigen, wirken bestimmte Musikrichtungen entspannend auf unsere Hunde.

eine ausgleichende, beruhigende und entspannende Wirkung nachgesagt. Neroli-Öl harmonisiert.

Hunde wie auch Menschen sprechen sehr gut auf farbiges Licht an. Rot hat sich besonders bei Erschöpfungszuständen und Appetitlosigkeit bewährt. Orange kommt hingegen bei Immunschwäche zum Einsatz. Gelb hilft bei schwachen Nerven und Schockzuständen. Grün wirkt ausgleichend und Blau beruhigend. Violett wird bei Nervosität, Ängstlichkeit, Hysterie und zur Verarbeitung von Traumata eingesetzt.

Auch Musik entspannt Ihren Yorkie. Untersuchungen haben ergeben, dass gerade langsame Barockmusik eine sehr beruhigende Wirkung auf Vierbeiner hat. Genauso gut geeignet ist Herrchens oder Frauchens Meditations-CD. Wer musikalisch jedoch auf Nummer Sicher gehen will, kann inzwischen im Fachhandel spezielle Musik für Hunde erwerben.

Da Schönheit bekanntlich von innen kommt, ist eine ausgewogene Ernährung besonders wichtig.

Ernährung

Zum Wohlfühlprogramm Ihres Yorkies und seiner Gesunderhaltung gehört auch eine ausgewogene Ernährung. Füttern Sie nur hochwertiges Futter, das dem Alter, Gesundheitszustand und der Auslastung Ihres Vierbeiners angepasst ist. Auch Welpen brauchen eine andere Ernährung als erwachsene Hunde, schließlich sind sie noch in der Entwicklung. Da der Yorkshire Terrier wie alle Zwerghunderassen einen erhöhten Stoffwechsel hat, sollte seine Gesamttagesration auch im Erwachsenenalter auf zwei Futterportionen (morgens und abends) verteilt werden. Der Fachhandel hält inzwischen für alle Altersklassen und Bedürfnisse spezielles Hundefutter parat. Mit einem qualitativ hochwertigen Fertigfutter gehen Sie also in jedem Fall auf Nummer sicher: Ihr Yorkie wird optimal mit allen wichtigen Nährstoffen versorgt. Trotzdem kommt es immer wieder vor, dass ein Hund das handelsübliche Futter nicht verträgt. In diesem Fall müssen Sie selbst zum Kochlöffel greifen. Dies ist nicht ganz einfach, denn die richtige Zusammensetzung einer ausgewogenen Ernäh-

Diverse Kräuter und natürliche Zusätze haben einen positiven Einfluss auf die Gesundheit Ihres Hundes.

Haltung

Stellen Sie Ihrem Yorkie nicht unbegrenzt Futter zur Verfügung, denn er weiß nicht von selbst, wie viel er braucht.

rung ist fast schon eine Wissenschaft für sich. Auch das „Barfen" (= biologisch, artgerechte Rohfütterung) ist möglich. Aber hier ist eine umfassende Information vorab durch einen Tierarzt oder entsprechende Fachliteratur sehr wichtig.

Im Folgenden finden Sie jedoch einige Tipps für eine abwechslungsreiche und gesunde Hundemahlzeit.

Fleisch und Ballaststoffe in Form von Reis oder Hundeflocken bilden die Basis einer ausgewogenen Hundeernährung. Achten Sie zusätzlich auf eine ausreichende Vitamin- und Mineralstoffversorgung. Diese geschieht am besten in Form von natürlichen Zusätzen wie frischem, unbehandeltem Obst, Gemüse, Kräutern, Hüttenkäse oder Naturjoghurt.

Bei Obst eignen sich Äpfel sehr gut. Sie sind reich an Vitaminen und Mineralien und wirken durch die enthaltenen Pektine entgiftend. Gemüse ist nicht nur gesund, es fördert mit seinen Ballaststoffen auch die Verdauung. Außerdem beeinflusst es positiv den Säure-Base-Haushalt des Hundes. Ideal sind Möhren – sie enthalten viel Karotin, die Vorstufe von Vitamin A, außerdem Mineralstoffe und Spurenelemente. Geben Sie zusätzlich immer etwas Öl; dies hilft bei der Verwertung des fettlöslichen Vitamin A. Gekochter Broccoli ist ebenfalls sehr gesund; er wirkt krebsvorbeugend und entgiftend. Spinat, Erbsen, grüne Bohnen und Tomaten runden einen ausgewogenen Speiseplan ab.

Kräuter wie Brennnesseln, Basilikum, Petersilie, Löwenzahn und Dill sind nicht nur reich an wichtigen Vitaminen, Mineralien und Spurenelementen, sie haben auch eine heilende Wirkung bei verschiedenen Krankheiten (Beispiele siehe ab Seite 104 „Vorsorge").

Tipp!

Im Buch- und Zoofachhandel gibt es für alle Hundefutter-Hobbyköche eine breite Palette an Ratgebern zum Thema „Hundeernährung". Falls Sie für Ihren Hund kochen, ist ein umfassendes Informieren unerlässlich, damit Ihr Vierbeiner durch einen ausgewogenen Speiseplan wirklich optimal mit allen wichtigen Nährstoffen versorgt wird und es nicht zu Mangelerscheinungen kommt. Spezielle Fachtierärzte für Ernährung und Diätetik, die häufig auch an Universitätstierkliniken Beratungssprechstunden anbieten, sind Ihnen gerne bei der Erstellung einer gesunden Hundemahlzeit behilflich.

Ernährung

Warnung vor Schokolade und Weintrauben

Schokolade enthält Theobromin, das für Hund und Katze lebensgefährlich sein kann. Ein paar Riegel dunkle Schokolade können einen kleineren Hund töten. Weintrauben und Rosinen können bereits in geringen Mengen zu einer tödlichen Niereninsuffizienz führen.

Hat Ihr Yorkie ein wenig zugelegt, bauen Sie die überschüssigen Pfunde lieber mit einem ausgewogenen, aber kalorienarmen Diätfutter als mit einer Kürzung der normalen Futtermenge ab. Auch eine Streckung des herkömmlichen Futters mit Puffreis (im Zoofachgeschäft erhältlich), kann bei einer Diät hilfreich sein.

Achten Sie stets auf saubere Hundenäpfe und täglich frisches Wasser.

In Zeiten extremer Anforderung oder erhöhter Krankheitsanfälligkeit ist eventuell ein zusätzliches Vitaminpräparat nötig. Halten Sie sich hier allerdings genau an die vom Tierarzt oder in der Packungsbeilage angegebene Dosierung, denn selbst Vitamine können überdosiert schaden.

Schönheit kommt von innen

Der Speiseplan Ihres Hundes ist auch für ein glänzendes Fell und eine gesunde Haut verantwortlich, schließlich kommt Schönheit bekanntlich von innen. Eine große Rolle spielen dabei die Vitamine A und E sowie Zink, außerdem essentielle Fettsäuren wie Omega-3 und Omega-6. Um einem Mangel vorzubeugen, der sich in stumpfem Fell, Schuppen, Haarausfall, Juckreiz, fettiger Haut und Infektanfälligkeit äußert, geben Sie ab und zu einen Löffel Maiskeim-, Sonnenblumen-, Distel- oder Pflanzenöl über das Futter. Hochwertiges Eiweiß ist ebenfalls unverzichtbar, allerdings reagieren manche Hunde allergisch auf rohes Eiweiß. Auch Hefe und Biotin verhelfen zu einer gesunden Haut und glänzendem Fell. Ab und zu ein rohes, frisches Eigelb ist ebenfalls gut für Haut und Haare, denn es enthält viele Spurenelemente und Vitamine. Die zerriebene Eierschale versorgt Ihren Vierbeiner dagegen mit natürlichem Calcium.

Selbst gebackene Hundeleckerli

Fischstäbchen

Sie brauchen dafür folgende Zutaten:

1 Dose Thunfisch (im eigenen Saft)
6 EL Haferflocken
2 Eier
2 EL Semmelbrösel
2 EL gehackte Petersilie

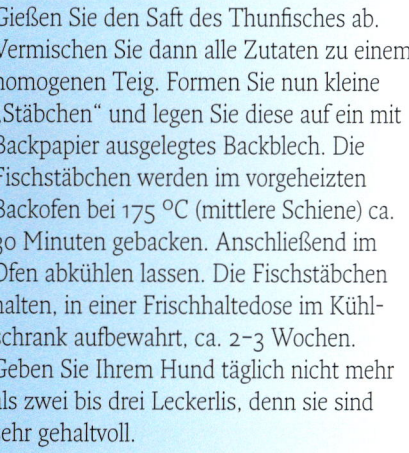

Gießen Sie den Saft des Thunfisches ab. Vermischen Sie dann alle Zutaten zu einem homogenen Teig. Formen Sie nun kleine „Stäbchen" und legen Sie diese auf ein mit Backpapier ausgelegtes Backblech. Die Fischstäbchen werden im vorgeheizten Backofen bei 175 °C (mittlere Schiene) ca. 30 Minuten gebacken. Anschließend im Ofen abkühlen lassen. Die Fischstäbchen halten, in einer Frischhaltedose im Kühlschrank aufbewahrt, ca. 2–3 Wochen. Geben Sie Ihrem Hund täglich nicht mehr als zwei bis drei Leckerlis, denn sie sind sehr gehaltvoll.

EXTRA
Elf goldene Futterregeln

🐾 Regelmäßigkeit ist wichtig
Eine gewisse Regelmäßigkeit der Futterzeiten ist wichtig, um den Stoffwechsel des Hundes nicht unnötig durcheinanderzubringen. Füttern Sie daher also nicht wahllos, wenn Sie gerade Zeit haben. Zu große Pünktlichkeit ist allerdings auch nicht gut, da der Vierbeiner schnell eine innere Uhr entwickelt, durch die er dann sein Futter immer zur selben Zeit vehement einfordert. Ein ausgewachsener Yorkie

sollte zweimal täglich seine Mahlzeit bekommen. Achten Sie darauf, dass Ihrem Hund nicht zu jeder Zeit Futter zur Verfügung steht. Das widerspricht seiner ursprünglichen Futtersituation. Etwa 15 Minuten nach der Fütterung sollten Sie den Rest wieder wegnehmen.

🐾 Die Menge macht's
Ein Yorkshire Terrier weiß nicht von selbst, wie viel Futter er braucht. Bieten Sie Ihrem Vierbeiner daher auf keinen Fall unbegrenzt Futter an. Bei Fertignahrung finden Sie grobe Richtwerte zu den Mengenangaben auf der Futterpackung. Überprüfen Sie aber immer auch an Ihrem Hund, ob diese Menge angemessen ist, denn häufig wird zu viel Futter angegeben. Kochen Sie selbst, fragen Sie Ihren Tierarzt nach der angemessenen Portionsgröße für Ihren Hund.

🐾 Vorsicht mit Kaltem
Gerade im Sommer ist es wichtig, frisches Hundefutter im Kühlschrank aufzubewahren, damit es nicht verdirbt. Verfüttern Sie es allerdings nur zimmerwarm. Zu kaltes Futter kann Verdauungsprobleme hervorrufen. Außerdem entfaltet Frisch- und Nassfutter seinen vollen Geschmack erst bei Zimmertemperatur. Muss es doch einmal schnell gehen, erwärmen Sie das Fressen kurz im Kochtopf, Wasserbad oder in der Mikrowelle.

🐾 Abwechslung in Maßen
Auch Hunde sind Feinschmecker und lieben Abwechslung. Die große Auswahl an Fertigfutter macht es Ihnen hier leicht. Trotzdem sollten Sie das Futter nicht zu häufig wechseln, denn das stresst den kurzen und daher störungsanfälligen Magen-Darm-Trakt des Hundes. Sie können das Grundfutter Ihres Hundes aber ruhig hin und wieder mit Karotten, Apfel, Quark, Hüttenkäse, Nudeln, Reis oder Kräutern bereichern. Beachten Sie bei der Fütterung auch das Alter, den Gesundheitszustand und die Auslastung Ihres Vierbeiners. Inzwischen gibt es für alle Ansprüche speziell zusammengesetzte Nahrung.

🐾 Keine Reste vom Tisch
Geben Sie Ihrem Yorkie nie Reste Ihrer eigenen Mahlzeit. Ihr Hund darf hier auf keinen Fall vermenschlicht werden, denn er hat ganz andere Ernährungsansprüche als Sie. Unsere stark gewürzten Speisen führen bei Vierbeinern schnell zu schweren Gesundheitsstörungen. Füttern Sie nur spezielles und ausgewogenes Hundefutter.

🐾 Finger weg von Milch
Natürlich ist Milch auch bei Hunden beliebt. Viele Tiere bekommen davon jedoch Verdauungsstörungen. Daher gilt: Keine Milch, sondern täglich frisches Wasser als Getränk anbieten.

🐾 Kein rohes Schweinefleisch
Füttern Sie kein rohes Schweinefleisch, denn dadurch kann sich Ihr Hund mit der lebensbedrohlichen Aujeszkyschen Krankheit infizieren. Die Symptome sind ähnlich wie bei der Tollwut, daher wird die Krankheit auch „Pseudowut" genannt. Schweinefleisch darf nur gut durchgekocht verfüttert werden. Rohes Rindfleisch ist dagegen unbedenklich.

🐾 Nach dem Essen sollst du ruhen
Füttern Sie Ihren Yorkshire Terrier immer erst nach einem Spaziergang. Rennen und Toben mit vollem Magen ist tabu: Schnell kommt es zu Verdauungsstörungen.

🐾 Langsame Futterumstellung
Führen Sie grundlegende Futterumstellungen nur langsam und schrittweise durch. Der Verdauungstrakt Ihres Hundes braucht etwa zwei Wochen, um sich an eine neue Nahrung zu gewöhnen.

🐾 Es muss nicht immer Fleisch sein
Wölfe nehmen mit dem Darminhalt ihrer Beutetiere immer auch wichtige pflanzliche Nahrung auf. Daher ist es falsch, anzunehmen, Hunde seien reine Fleischfresser. Für eine ausgewogene Ernährung benötigen sie einen gewissen Anteil an pflanzlicher Nahrung. In Fertigfutter wurde dies bereits bei der Zusammensetzung berücksichtigt. Kochen Sie selbst, mischen Sie das Fleisch am besten mit Nudeln, Reis, Gemüse oder speziellen Hundeflocken.

🐾 Betteln ist tabu
Fallen Sie nicht auf den treuen Blick Ihres Vierbeiners rein, Sie tun ihm damit nichts Gutes. Erstens erziehen Sie ihn so erst zum Betteln und zweitens bekommt Ihr Hund auf diese Weise auch schnell mal etwas Süßes, das sehr schädlich für ihn ist. Belohnen Sie ihn nur mit speziellen Hundeleckerlis.

Für alle Rassehundefreunde und die, die es noch werden möchten, sind Hundeausstellungen eine interessante Veranstaltung.

Ausstellungen

Für alle Rassehundefreunde sind Hundeausstellungen eine besonders interessante Plattform. Hier können Sie sich bereits vor dem Kauf eines Vierbeiners genau über eine bestimmte Rasse informieren, denn Sie sehen nicht nur etliche Vertreter live, sondern haben auch die Möglichkeit, mit Haltern und Zuchtvereinen in Kontakt zu treten und auf diese Weise Erfahrungsberichte aus erster Hand zu sammeln. Bei den Ausstellungen selbst geht es um die genaue Überprüfung und Bewertung der Hunde hinsichtlich des vorgeschriebenen Rassestandards und der durch den betreuenden Verein festgelegten Zuchtkriterien. Die Teilnahme an einer Ausstellung ist für manche Hundehalter reiner Spaß. Sie möchten solch eine Veranstaltung einfach einmal mitmachen, um nur interessehalber zu hören, wie ein professioneller Richter ihren Vierbeiner bewertet. Möglicherweise hat sie sogar der Züchter des Hundes dazu überredet, schließlich ist es für den Züchter selbst wichtig und interessant zu sehen, wo sein Nachwuchs und somit auch seine Zuchtlinie steht. Die meisten Aussteller sind bereits am Zuchtgeschehen beteiligt, denn die erfolgreiche Teilnahme an

Diese Yorkshire Terrier waren bereits erfolgreich.

Ausstellungen

Ausstellungen ist Voraussetzung für eine Zuchtzulassung: Es sind langjährige und zukünftige Züchter, aber auch Deckrüdenbesitzer, die ihre Vierbeiner über die Teilnahme an Ausstellungen bekannter machen möchten.

Auf einer Hundeausstellung herrscht eine ganz besondere Atmosphäre; das Sehen und Gesehenwerden steht in jedem Fall im Vordergrund. Die Einteilung der Hunde erfolgt in verschiedene Klassen, getrennt nach Geschlechtern. Bei der abschließenden Bewertung werden bestimmte Formwertnoten vergeben (siehe Kasten Seite 84).

Gelassene, nervenstarke Hunde, die nichts so schnell aus der Ruhe bringt, tun sich auf Ausstellungen leichter.

Dabeisein ist alles

Wenn auch Sie einmal mit Ihrem Yorkshire Terrier im Ring stehen möchten, sei es aus reinem Vergnügen oder weil Sie mit ihm züchten möchten, ist ein gutes Sozialverhalten Ihres Hundes natürlich Pflicht. Außerdem ist eine ordentliche Leinenführigkeit schon die halbe Miete einer gelungenen Präsentation. Bei der anschließenden Einzelbewertung erfolgt die genaue Begutachtung Ihres Hundes durch den Richter: Dieser prüft neben dem Gangwerk das Stockmaß, die genauen Proportionen, Besonderheiten des Standards und die Zähne. Dieses Beurteilungsritual sollten Sie schon vorab üben, damit sich Ihr Yorkshire Terrier auch von fremden Menschen ins Maul sehen und natürlich überhaupt berühren lässt. Der Umgang und das korrekte Vorführen des Hundes fließen in die Bewertung mit ein; so erkennen die Richter genau, wer mit seinem Vierbeiner das optimale Präsentieren trainiert hat.

Nicht selten wird ein Ausstellungsneuling darauf hingewiesen, dass seine Führfehler der Grund für eine schlechtere Bewertung des Hundes sind, im Vierbeiner jedoch mehr Potenzial steckt. Eine gute und umfassende Vorbereitung für eine Zuchtschau bekommen Sie durch ein professionelles Ringtraining, das von manchen Hundevereinen oder auch Züchtern angeboten wird. Für die Teilnahme an einer Zuchtschau sollten Sie sich aber nicht nur im Vorfeld Zeit nehmen, auch die Ausstellung selbst dauert meist einen ganzen Tag, wobei Sie die meiste Zeit sicherlich mit Warten verbringen. Wie die Hunde selbst das Ausstellungsgeschehen aufnehmen, ist unterschiedlich. Einige scheinen sichtlich Spaß am Präsentieren und Posieren zu haben; bei anderen Gespannen ist der Spaß am Gesehenwerden eher auf den Zweibeiner begrenzt, der Vierbeiner hingegen würde den Tag sicherlich lieber tobend im Freien verbringen. Eine gewisse Nervenstärke muss ein Yorkie für eine Ausstellung in jedem Fall mitbringen, damit ihn die Menschen- und Hundeansammlung auf engstem Raum nicht unnötig stresst.

> **Bitte beachten Sie ...**
> *Kranke Vierbeiner sind von Zuchtschauen ausgeschlossen. Vor der Ausstellung müssen Sie die FCI-Ahnentafel und den Impfpass mit einer gültigen Tollwutimpfung Ihres Hundes vorlegen.*

Haltung

So funktioniert's

Rassen- und Klasseneinteilung

*Der Yorkshire Terrier wurde von der FCI (Fédération Cynologique Internationale) in die Gruppe 2: Terrrier, Sektion 4 Zwerg-Terrier, ohne Arbeitsprüfung, eingeteilt.
Als Startklassen gibt es:*

- *Jüngstenklasse (6–9 Monate)*
- *Jugendklasse (9–18 Monate)*
- *Zwischenklasse (15–24 Monate)*
- *Offene Klasse (ab 15 Monate)*
- *Veteranenklasse (ab 8 Jahre)*
- *Gebrauchshundklasse (ab 15 Monate mit Arbeitsprüfung)*
- *Championklasse (ab 15 Monate für Champions und Gewinner bestimmter Titel)*
- *Ehrenklasse (startberechtigt nur mit dem FCI-Titel „Internationaler Schönheitschampion")*

Formwertnoten

- *Vorzüglich (V)*
- *Sehr gut (SG)*
- *Gut (G)*
- *Genügend (Ggd)*
- *Disqualifiziert (Disq)*

Die vier besten Hunde einer Klasse werden platziert, sofern sie mindestens die Formwertnote „Sehr gut" erhalten haben.

Beurteilungen in der Jüngstenklasse

- *vielversprechend (vv)*
- *versprechend (v)*
- *wenig versprechend (wv)*

Weitere Wettbewerbe

Zuchtgruppe *Sie besteht aus mindestens drei Hunden einer Rasse aus demselben Zwinger; die Hunde müssen am Tag der Ausstellung in der Einzelbewertung mindestens den Formwert „Gut" bekommen haben.*
Paarklasse *Sie besteht aus jeweils einem Rüden und einer Hündin, die Eigentum eines Ausstellers sein müssen.*
Juniorhandling *Dies ist ein Vorführwettbewerb für Jugendliche, der als Vorbereitung gedacht ist, Hunde auch später im Ausstellungsring zu präsentieren.*
Veteranen-Wettbewerb *Hier können Hunde ab dem 8. Lebensjahr starten. Es wird nach den Vorgaben des Standards besonders die Gesamtkonstitution, der Pflegezustand des Vierbeiners sowie die im Ring gezeigte Kondition beurteilt.*

Schon Junghunde dürfen an einer Ausstellung teilnehmen.

Freizeitpartner Hund

Begleiter in Freizeit und Alltag

Der Yorkie begleitet seinen Menschen gerne überall hin.

Freizeitpartner Hund

Eine angemessene Auslastung und sinnvolle Beschäftigung ist für Ihren Yorkie wichtig, beispielsweise in Form von Hundesport.

Dabeisein ist für ein soziales Tier wie einen Hund alles. Daher gibt es für ihn nichts Schöneres, als seine Leute so oft wie möglich zu begleiten. Mit einem wohlerzogenen Yorkshire Terrier können Sie sich eigentlich überall sehen lassen. Ein gewisser Grundgehorsam und eine gute Sozialisation des Vierbeiners sind also schon die halbe Miete für gemeinsame, entspannte Freizeitaktivitäten und einen abwechslungsreichen Alltag.

Begleithundeprüfung (BH)

Voraussetzung für die Ausübung einiger Sportarten (z. B. Agility, Fährtenhund) ist eine bestandenen Begleithundeprüfung. Das Mindestalter der wedelnden Prüflinge liegt bei 15 Monaten. Der Vierbeiner muss auf dem Hundeplatz verschiedene Unterordnungsübungen absolvieren; außerdem gilt es außerhalb des Platzes einen Verkehrsteil zu bestehen, der das sichere und freundliche Verhalten des Hundes gegenüber anderen Verkehrsteilnehmern und Artgenossen überprüft. Für den Hundeführer gibt es zuvor noch eine theoretische Prüfung.

Hundesport

Yorkshire Terrier sind sehr temperamentvolle Energiebündel und daher absolut für Hundesport zu begeistern. Die intensive gemeinsame Beschäftigung mit Ihrem Yorkie auf einem Zwerghunden gegenüber aufgeschlossenen Hundeplatz wird Sie beide schnell zu einem unzertrennlichen Dream-Team zusammenschweißen.

Im Folgenden stellen wir Ihnen einige Sportarten vor, die gut für Yorkies geeignet sind.

Agility

Agility ist mehr als nur ein schneller Sport. Agility festigt und vertieft die Bindung zwischen Zwei- und Vierbeinern.

Laut FCI-Reglement erfolgt eine Einteilung in drei verschiedene Starklassen je nach Größe des Hundes. Ein professioneller Parcours besteht aus 15 bis 22 Hindernissen und hat eine Länge zwischen 100 und 200 m. Bei einem Turnier sollten mindestens sieben Hürden vorhanden sein. Ein Standardprüfungssatz hat 14 Hürden zu beinhalten. Sprungkombinationen sowie eine scharfe Wendung nach dem Reifen sind nicht erlaubt. Die Bewertung erfolgt am Ende je nach Zeit, eventuellem Abwurf oder Verweigerung. Schnelligkeit und Präzision sind hierbei sehr wichtig. Daher ist ein optimales Zusammenspiel zwischen Mensch und Hund unerlässlich.

Turnierhundsport

Turnierhundsport (THS) bietet für jeden etwas, denn hier gibt es auch je nach Alter des Hundeführers unterschiedliche Startklassen. Mensch und Hund bilden als gleichgestellte Partner ein Team. In die Endnote fließen also nicht nur die Leistungen des Vierbeiners, sondern ebenfalls die des Zweibeiners mit ein.

Begleiter in Freizeit und Alltag

Agility ist für Yorkies ein großer Spaß. Die sportlichen Zwerge starten hier in der Kategorie „Mini".

Innerhalb des Turnierhundesports gibt es verschiedene, abwechslungsreiche Wettbewerbsformen wie Hindernislauf-Turniere, Vierkampf (Gehorsam, Hürden-, Slalom und Hindernislauf), Geländelauf (2000 m/5000 m), Combination Speed Cup (CSC; Mannschaftswettkampf, in dem drei Mannschaftsmitglieder in einem in drei Sektionen eingeteilten Parcours als Staffel laufen), Shorty (Kurz-Bahn-„CSC" für Zweier-Mannschaften mit zwei Geräte-Sektionen) und Qualifikations-Speed-Cup („QSC"; Wettkampf nach dem K.-o.-System auf zwei baugleichen Parcours).

Trickdogging

Immer mehr Hundeschulen bieten Kurse oder Workshops in Trickdogging an. Dabei werden Gehorsamkeitsübungen mit Spaßlektionen verbunden. Die vierbeinigen Schüler lernen kleine Kunststückchen und Spiele, die der Hundeführer auf Spaziergängen oder bei schlechtem Wetter im Haus ganz einfach „abfragen" kann. Hier ist also Kopfarbeit gefragt, die dem Yorkshire Terrier aufgrund seiner Intelligenz sehr liegt. Im Mittelpunkt steht immer der Spaß und nicht die perfekte Leistung. Die Palette der Übungen ist groß: win-

Innerhalb des Turnierhundesports gibt es verschiedene, abwechslungsreiche Wettbewerbsformen.

Die beim Trickdogging gelernten Kunststückchen lassen sich wunderbar zwischendurch zu Hause oder auf dem Spaziergang einbauen.

Bitte beachten Sie …

Nicht jeder Hund ist für jede Sportart zu begeistern. Suchen Sie die Beschäftigung mit Ihrem Vierbeiner nach seiner individuellen Vorliebe, seinem Gesundheitszustand und seiner allgemeinen Fitness aus. Nehmen Sie auch Wettkampfsport nicht allzu ernst: Drill und übertriebener Ehrgeiz haben hier nichts zu suchen. Der Spaß soll bei diesem Teamwork immer an erster Stelle stehen. Betrachten Sie Trainer ebenfalls unter diesem Gesichtspunkt: Nehmen Sie Abstand von strengen, autoritären Unterrichtsmethoden.

Humorvolle Motivationen sind das A und O einer optimalen Vertrauensbeziehung zwischen Ihnen und Ihrem Hund. Nur so macht Ihrem Vierbeiner die Zusammenarbeit mit Ihnen Spaß und nur so ist sie Erfolg versprechend. Hundesportplätze und -vereine in Ihrer Nähe finden Sie über das Internet. Auch Tierschutzvereine, Tierärzte, Zoogeschäfte oder andere Hundebesitzer in Ihrer Umgebung sind geeignete Ansprechpartner auf der Suche nach einer passenden Trainingsmöglichkeit. Bevor Sie sich endgültig für einen Hundeplatz entscheiden, ist ein mehrmaliges Zuschauen vorab sowie Gespräche mit Trainern und Teilnehmern empfehlenswert. Haben Sie die Möglichkeit, sehen Sie sich am besten gleich mehrere Übungsplätze näher an. Ebenfalls hilfreich für die Entscheidungsfindung ist die Teilnahme an einer Probestunde. Wichtig ist, dass die Kursleiter individuell auf jede Hundepersönlichkeit eingehen.

ken, verbeugen, „give me five", die Socken bringen oder ein Taschentuch aus der Hose ziehen sind nur einige wenige Beispiele. Da dieses Training individuell auf jeden einzelnen Vierbeiner zugeschnitten werden kann, ist es auch gut für ältere Yorkies, Hunde mit Handicap oder ängstliche Hunde geeignet.

Dogdancing

Dogdancing ist eine Sportart, die den Hund körperlich, aber auch und vor allem geistig fordert. Der Hundeführer entwickelt zusammen mit seinem vierbeinigen „Tanzpartner" eine Choreographie, die auf einer perfekten Fußarbeit basieren soll. Zusätzlich führt der Hund diverse Tricks vor. Die gesamte Darbietung muss möglichst synchron zu einer begleitenden Musik ausgeführt werden. Bei der Zusammenstellung einer Dogdancing-Choreographie sind viel Kreativität und Fantasie gefragt. Für die Einstudierung sind Geduld, Humor und eine gute Motivation des Hundes nötig. Eine Vorführung, die nicht nur paarweise, sondern auch in Gruppen-Formationen geschehen kann, soll freudig und voller Harmonie sein.

Mobility

Mobility eignet sich gut für Menschen und Hunde jeden Alters, aber auch gehandicapte Vierbeiner, denn die zu absolvierenden Aufgaben werden individuell an die startenden Hunde angepasst. Dabei gilt es Elemente aus dem Agility, aber auch andere Spaßlektionen, wie Schaukeln, in einem Bollerwagen fahren oder einen Gegenstand apportieren zu bewältigen. Außerdem können kleine Unterord-

Begleiter in Freizeit und Alltag

Beim Mobility ist für jeden Vierbeiner etwas dabei, schließlich werden die zu absolvierenden Aufgaben auf die startenden Hunde einzeln angepasst.

Sie brauchen auch bei einer längeren Fahrradtour nicht auf ein Zusammensein mit Ihrem Yorkie zu verzichten, wenn Sie ihn in einen speziellen Fahrradkorb setzen.

nungsübungen und Kunststückchen abgefragt werden. Damit der Parcours als bestanden gilt, muss das sechsbeinige Team mindestens zwölf von 18 Stationen fehlerfrei durchlaufen. Anschließend folgt für Herrchen oder Frauchen ein Theorieteil mit zehn Fragen rund um den Hund. Sind acht Antworten richtig, hat auch der Zweibeiner seinen Test bestanden. Bei Mobility stehen grundsätzlich der Spaß und das Teamwork mit dem Hund im Mittelpunkt.

Sportbegleiter Yorkshire Terrier

Unterwegs mit dem Fahrrad
Yorkshire Terrier sind sehr agile, ausdauernde Hunde, die sichtlich Spaß daran haben, ihre Leute bei sportlichen Aktivitäten zu begleiten. Statten Sie Ihren temperamentvollen Zwerg dabei allerdings lieber mit einem Geschirr als mit einem Halsband aus, denn ein Geschirr schont die Halswirbelsäule des Kleinen. Strecken bis zu 20 km sind für einen trainierten Yorkie kein Problem. Auch bei einer Fahrradtour müssen Sie nicht auf ein Zusammensein mit Ihrem Terrier verzichten, wenn Ihr Vierbeiner in einem speziellen Fahrradkörbchen Platz nehmen und die Aussicht von oben genießen darf. Einige Sprints neben dem Fahrrad sind zwischendurch natürlich auch erlaubt. Für radbegeisterte Yorkie-Halter ist die Anschaffung eines Hundefahrradkorbes generell empfehlenswert.

Viel Spaß am laufenden Band
Die Renner unter den Outdoorsportarten sind nach wie vor **Joggen**, **Walken** und **Nordic Walking**. Wie immer gilt für Mensch und

> **Tipp!**
>
> *Nehmen Sie als Hundebesitzer Rücksicht auf andere Spaziergänger, Jogger und Radfahrer: Rufen Sie Ihren Vierbeiner ab und lassen Sie ihn kurz bei Fuß gehen, bis Jogger oder Radler vorüber sind. Dies ist zugleich ein gutes Erziehungstraining.*

Freizeitpartner Hund

Ihr sportlicher Yorkie begleitet Sie gerne beim Joggen oder Walken.

> **Tipp!**
> *Ausdauersportarten, bei denen der Hund länger läuft, sind nur für absolut gesunde, normalgewichtige und nicht zu alte Hunde geeignet. Auch junge Vierbeiner müssen mit Rücksicht auf ihren noch instabilen, weichen Bewegungsapparat geschont werden: Gewöhnen Sie Ihren wedelnden Freund erst ab einem Alter von etwa 1,5 Jahren langsam an längere Strecken. Wärmen Sie Ihren Hund vor jeder sportlichen Aktivität gut auf, um Schäden am Skelett vorzubeugen.*

Hund: geteiltes Vergnügen ist doppelte Freude. Vergessen Sie selbst bei gut folgenden Hunden nie, eine Leine für den Notfall mitzunehmen. Leinen Sie jagdbegeisterte Vierbeiner im Wald mit Rücksicht auf Wildtiere an. Damit der Jogger die Hände frei hat, hält der Fachhandel inzwischen spezielle Jogging-Leinen und -Gürtel bereit; in Letzteren wird die Leine einfach eingehängt. Natürlich muss Ihr Yorkie so gut erzogen sein, dass er nicht ungestüm an der Leine zieht. Planen Sie eine größere Runde mit Pause, vergessen Sie etwas Wasser für Ihren Vierbeiner nicht. Lassen Sie ihn allerdings nicht zu viel davon trinken, damit er durch das Rennen mit vollem Bauch keine Magendrehung bekommt.

> **Keinen Sport mit vollem Bauch**
> *Wegen der Gefahr einer Magendrehung darf ein Hund grundsätzlich vor sportlichen Aktivitäten nichts zu fressen bekommen. Füttern Sie ihn auch nicht unmittelbar danach, sondern erst nach einer ca. 20-minütige Erholungspause: Eine große, gierig verschlungene Portion kann zusätzlich Kreislauf belasten sein und schwer im Magen liegen.*

Wandern Mögen Sie und/oder Ihr Yorkshire Terrier keine flotten Sportarten, probieren Sie es mal mit einer ruhigeren Wanderung. Da jedoch auch hier von Zwei- und Vierbeinern Ausdauer gefragt ist, müssen Sie das Training wieder erst langsam aufbauen. Neh-

So ein spezieller Hunderucksack leistet bei längeren Wanderungen gute Dienste.

men Sie für längere Touren neben einer eigenen Brotzeit auch Trinkwasser und, je nach Dauer, eine kleine Futterration sowie einen Napf für Ihren Yorkie mit. Vergessen Sie außerdem ein Erste-Hilfe-Notfallset nicht. Für einen älteren Yorkshire kann ein Rucksack nützlich sein, in dem er zwischendurch auch mal getragen werden kann. Einer größeren Vorbereitung bedürfen längere Bergtouren. Sicheres Kartenlesen ist dabei schon eine wichtige Grundvoraussetzung. Klären Sie bei Mehrtagestouren unbedingt vorab, ob Ihr Vierbeiner auch in Hütten übernachten darf.

Rund ums Spielen

Warum Spielen so wichtig ist

Jedes junge Tier spielt gerne, denn Spielen macht Spaß, aber nicht nur das: Im Spiel lernt ein Vierbeiner fürs Leben und zwar sein Leben lang. Schon Welpen lernen spielerisch ihre Umwelt kennen, lernen aus guten und schlechten Erfahrungen. Aber auch die Rangordnung innerhalb des Hunderudels und später innerhalb der Familie wird spielerisch ausgetestet. Das Spiel mit Artgenossen legt für Welpen den Grundstein zu einem normal entwickelten, ausgeglichenen Sozialverhalten. Spielen ist aber nicht nur für junge Hunde wichtig. Im Grunde kann ein Vierbeiner bis ins hohe Alter spielerisch lernen. Erwachsene Hunde testen untereinander ebenfalls immer wieder im Spiel ihre Rangordnung aus. Sehr selbstbewusste Tiere versuchen oft innerhalb ihrer Familie durch schelmische Tricks ihre Grenzen und ihren Stand in der Familie auszuloten. Lassen Sie sich nicht einwickeln, sonst haben Sie schnell verspielt. Auch veränderte Lebensbedingungen oder unbekannte Gegenstände werden noch von erwachsenen Hunden spielerisch erforscht. Häufiges Spielen schult außerdem das Gehirn des Vierbeiners. So belegen Studien, dass Hunde, die in

> **Tipp!**
> *Erste Hilfe bei Muskelkater: Vorbeugend gleich nach der Anstrengung 1 Tablette Rhus toxicodendron D30 oder im Akutfall 2 x tgl. 1 Tablette.* **Achtung:** *Suchen Sie bei schweren oder länger anhaltenden Beschwerden unbedingt den Tierarzt auf.*

ihrer Welpenzeit kaum Eindrücke sammeln konnten, ihr Leben lang weniger aufnahmefähig sind als Artgenossen, die zwar von den Erbanlagen her nicht so intelligent sind, dafür aber mehr gefördert wurden.

Vierbeiner, denen mehr geboten wird, können sich auch nachweislich besser konzentrieren. Junge Hunde erfahren durch ausgelassenes Toben nach Erziehungseinheiten eine tolle Belohnung. Sie dürfen nun ihren durch die Anspannung des Lernens aufgestauten Energien so richtig freien Lauf lassen und entspannen sich somit wieder. Gehen Sie die Erziehung Ihres Yorkshire Terriers spielerisch an,

Spielen ist nicht nur für junge Hunde wichtig; im Grunde kann ein Vierbeiner bis ins hohe Alter spielerisch lernen.

Freizeitpartner Hund

Hunde, egal welchen Alters, die nicht spielen dürfen, können seelisch und auch körperlich verkümmern.

wirkt dies sehr motivierend auf den Vierbeiner, denn der Spaß kommt dabei nie zu kurz. Außerdem entwickelt sich ein intensives Vertrauensverhältnis zwischen Ihnen und Ihrem Hund. Regelmäßige Spielstunden schweißen Sie und Ihren Yorkie zu einem richtigen Dream-Team zusammen. Auf diese Weise bleibt Ihr wedelnder Kamerad auch im Alter lange körperlich und geistig fit. Schüchterne Vertreter gelangen durch einfache Spiele, die Erfolge bringen, zu einem neuen gestärkten Selbstbewusstsein. Spielen ist für Hunde jeden Alters also in den unterschiedlichsten Bereichen wie ein Lebenselixier, ohne das sie auf Dauer physisch und psychisch verkümmern würden.

Lustige Hundespiele

Kreative Hürden Yorkies haben großen Spaß am Überspringen von niedrigen Hürden. Legen Sie hierfür ein bis zwei Handfeger oder Schuhbürsten mit den Borsten nach oben auf den Boden und lassen Sie Ihre wedelnde Hupfkugel darüber springen. Ein Stock kann, auf zwei Ziegelsteine gelegt, übersprungen werden. Zwei niedrige Pappkartons auf denen Sie in einer vorher ausgeschnittenen Rundung einen Besenstiel platzieren, ergeben ebenfalls eine attraktive Hürde für Ihren Yorkie. Vier

10 Spielregeln für Sie und Ihren Yorkshire Terrier

Spielen macht Spaß, allerdings nur, wenn sich alle Mitspieler an bestimmte Regeln halten. Im Zusammenspiel mit Ihrem Yorkshire Terrier bleiben Sie immer der Chef, der auch dafür sorgt, dass Ihr cleverer Vierbeiner nicht still und heimlich Ihre Autorität untergräbt.

- *Sie bestimmen Zeitpunkt und Ort.*
- *Sie sind der Spielzeug-Verwalter.*
- *Kein Tauziehen mit sehr selbstbewussten Rambos.*
- *Nach dem Füttern herrscht Spielverbot (Magendrehung).*
- *Lassen Sie Ihren Hund während des Spiels keine großen Mengen trinken (Magendrehung).*
- *Nicht in der größten Mittagshitze spielen.*
- *Auf ausreichende Ruhephasen achten.*
- *Belohnen Sie nicht nur mit Leckerli, sondern auch mit Stimme, Streicheln und Spielzeug.*
- *Sie legen das Spielende fest.*
- *Hören Sie auf, wenn's am Schönsten ist!*

Begleiter in Freizeit und Alltag

Viele Yorkshire Terrier springen gerne über niedrige Hürden.

Ziegelsteine oder mehrere umgedrehte, kleinere Blumentöpfe sind ein weiteres tolles Hindernis. Setzen Sie sich auf den Boden, lädt Ihr ausgestrecktes Bein zum Überspringen ein. Eine mit Wasser gefüllte, rechteckige Katzentoilette stellt einen Wassergraben dar.

Apportierspiele Beherrscht Ihr Yorkshire Terrier das Kommando „Apport", hat er großen Spaß an Bringspielen. Er wird stolz wie Oskar sein, wenn er Ihnen Ihre Socken oder Handschuhe bringen darf. Vor der Gartenarbeit trägt Ihnen Ihr hündischer Gentleman gerne die Gummihandschuhe. Wasserratten apportieren auch aus dem kühlen Nass; Hier gibt es inzwischen spezielles Neopren-Spielzeug in verschiedenen Größen, das sehr leicht ist und somit gerade für kleine Hunde gut geeignet ist.

Für Supernasen Yorkshire Terrier sind auch für Schnüffelspiele zu begeistern. Verstecken Sie Ihrem Vierbeiner mal ein Stück Pansen in einer speziellen Schnüffelbox. Wickeln Sie hierfür den Pansen in zerknülltes Zeitungspapier; dieses geben Sie nun samt duftendem Inhalt locker in eine Pappschachtel, deren Deckel bereits mit einigen Duftlöchern versehen ist. Jetzt heißt es für Ihren Hund: „Auf die Plätze, fertig, los!" Feuern Sie ihn mit

Wichtige Auflockerung

Weil das Erlernen von Kunststückchen eine sehr hohe Konzentration vom Hund verlangt, sollten Sie immer nur in kurzen Sequenzen üben. Schließen Sie stets mit einem Erfolgserlebnis ab und lockern Sie die einzelnen Lernschritte durch Pausen auf. Auch ein zwischenzeitliches Toben im Garten macht den Kopf wieder frei für die Aufnahme neuer „Befehle".

Erste-Hilfe-Tipp

Hat Ihr Hund doch einmal aus Versehen ein gefährliches spitzes oder scharfes Teil gefressen, füttern Sie als Erste-Hilfe-Maßnahme sofort rohes Sauerkraut; dies wickelt sich im Verdauungstrakt um den Gegenstand, sodass dieser, meist ohne weitere Schäden anzurichten, wieder ausgeschieden wird. Kontaktieren Sie zur Sicherheit aber trotzdem auch Ihren Tierarzt.

Mit „Apport" können Sie Ihren Yorkie als Haushaltshelfer einspannen – er wird stolz wie Oskar sein, wenn er Ihnen Ihre Handschuhe bringen darf.

dem Kommando „Such" und eigener Begeisterung an, sein Leckerli zu finden. Selbstverständlich dürfen dabei auch die Fetzen fliegen. Eine mit Leckerlis und zerknülltem Zeitungspapier gefüllte Glühbirnenschachtel ist ebenfalls ein tolles Schnüffelobjekt.

Fortgeschrittene Vierbeiner können nach bestimmten Gegenständen suchen, die nach Ihnen riechen wie beispielsweise ein kleiner Geldbeutel oder Ihre Handschuhe. Nehmen Sie auf einem Spaziergang unbemerkt vom Hund einen Tannenzapfen auf, reiben Sie ihn in Ihren Händen, werfen Sie ihn wieder weg und schicken Sie Ihre Supernase auf Streife.

Loben sie ihn, wenn Ihr Terrier die richtige Richtung einschlägt. Hat er den Zapfen gefunden und nimmt er ihn auf, belohnen Sie ihn ausgiebig. Am Ende winkt natürlich ein Leckerli. Eine Abwandlung des Spiels besteht darin, dass Ihr Yorkie aus einem ganzen Haufen von Tannenzapfen den herausfinden soll, den Sie vorher in der Hand hatten.

Futterschleppe Binden Sie hierfür ein Stück Fleisch oder Pansen an eine Schnur und

Immer der Nase nach! Für Schnüffelspiele aller Art lassen sich viele Vierbeiner begeistern.

Wenn Ihr Yorkie keinen Spaß an einem Spiel hat, wechseln Sie lieber zu einem anderen über.

Begleiter in Freizeit und Alltag

Gefährliches Hundespielzeug!

☠ Gefährlich für Hunde ist Kinderspielzeug wie Bausteine oder Stofftiere mit Glasaugen oder Knöpfen, die schnell abgerissen und gefressen sind.

☠ Alle spitzen und scharfkantigen Gegenstände sind als Hundespielzeug absolut ungeeignet; dies gilt auch für Spielzeug, in dem spitze Teile wie Nägel oder Drähte eingearbeitet sind.

☠ Ebenfalls absolut tabu sind Schnüre, dünne Nylonstrümpfe, Plastikbecher oder Luftballons.

☠ Verboten sind Äste von giftigen Sträuchern sowie lackierte Dinge.

☠ Zu schweren Verletzungen können Materialien führen, die leicht splittern oder zerbrechen, wie bestimmte Holzarten, Glas, Keramik oder manche Kunststoffteile.

Bei all diesen Dingen drohen dem Hund nicht nur schwere Verletzungen im Maul, sondern auch im Magen-Darm-Trakt. Im schlimmsten Fall kann Ihr Vierbeiner ersticken oder einen Darmverschluss bekommen.

ziehen Sie damit eine Spur durch den Garten. Bauen Sie dabei auch Kurven oder Schlangenlinien ein. Führen Sie diesen Parcours an markanten Stellen wie beispielsweise Bäumen oder Büschen vorbei, damit Sie die Nasenleistung Ihres Yorkies anschließend gut nachvollziehen können. Allerdings darf Ihr Hund diese Vorbereitungen nicht mitverfolgen. Dann zeigen Sie Ihrem Vierbeiner den Anfang der Spur und fordern ihn mit dem Befehl „Such" auf, ihr zu folgen. Kommt Ihr Yorkshire Terrier von der Fährte ab, schimpfen Sie ihn nicht, sondern setzen Sie ihn erneut darauf an und motivieren Sie ihn mit eigener Begeisterung. Folgt er eifrig der Spur, loben Sie ihn ausgiebig. Ist Ihr großer Kleiner schließlich am Ende der Fährte angekommen, belohnen Sie ihn mit einem Leckerli oder einem Stück Wurst.

Selbst gemachtes Hundespielzeug

Jute- oder Lederspielzeug lässt sich leicht selber herstellen: Nehmen Sie hierfür einen alten Jutesack, füllen sie ihn mit etwas Holzwolle und binden Sie ihn mit einem Baumwollstrick fest zu. Lederreste ergeben zusammengenäht und ausgestopft ebenfalls ein interessantes Apportel.

Ein ausrangiertes T-Shirt, ein abgetrenntes Jeansbein, ein ausgedienter Strumpf oder ein altes Handtuch sind, allesamt mit einem großen Knoten versehen, tolle Schleuderspielzeuge. Leere Pizzakartons ergeben lustige Frisbee®-Scheiben für den Hausgebrauch. Ihr Hund darf diese Flugobjekte am Ende sogar nach Herzenslust zerfetzen.

Splitternde Äste können als Spielzeug gefährlich sein und zu schweren Maulverletzungen führen.

Der gemeinsame Alltag

Auch im Alltag ist ein wohlerzogener Yorkshire Terrier ein toller Begleiter. Besuchen Sie beispielsweise Freunde, freuen sich diese sicherlich über einen schwanzwedelnden Gute-Laune-Macher, der Stimmung und Schwung in die Bude bringt. Der gemeinsame Gang in ein Restaurant sowie das brave unter dem Tisch Liegen versteht sich für einen vierbeinigen Gentleman von selbst. Mit einem vorbildlichen Hund sind Sie ein gern gesehener Gast, der fast schon negativ auffällt, wenn er einmal ohne seinen vierbeinigen Begleiter kommt. Die mittägliche Einkehr wird Ihrem Yorkie versüßt, wenn er genüsslich ein wohlverdientes Büffelhautröllchen kauen darf. Ein anschließender Verdauungsspaziergang tut nicht nur Ihnen, sondern auch Ihrem Vierbeiner gut.

In solch einer Transportbox transportieren Sie Ihren Vierbeiner sicher im Auto.

Viele Hunde sind außerdem wahre Autofetischisten, die einfach nur gerne mitfahren. Achten Sie hier unbedingt auf die ausreichende Sicherung Ihres Vierbeiners, ansonsten kann es im Falle eines Unfalls nicht nur gefährlich, sondern auch teuer werden, denn Tiere gelten im Auto rechtlich gesehen als Ladung. Sicherungssysteme gibt es inzwischen viele, doch leider sind nicht alle wirklich empfehlenswert. Achten Sie bei der Auswahl am besten auf vorliegende Ergebnisse von Crashtests oder DIN-Prüfungen. Auch der ADAC hat eine Liste mit Vor- und Nachteilen unterschiedlicher Sicherungseinrichtungen wie Spezialsicherheitsgurte, Trenngitter, Transportboxen & Co. herausgegeben.

Selbstverständlich gibt es viele weitere Aktivitäten, bei denen Sie Ihr Yorkie begleiten kann. Ob bei einem Ausflug an einen Badesee oder

Ein gut erzogener Yorkie ist im Alltag ein toller Begleiter, der gute Laune verbreitet.

bei diversen Wintersportarten. Vielleicht haben Sie auch einen hundefreundlichen Chef, der sich über einen vierbeinigen Mitarbeiter mit Aufgabenschwerpunkt „Verbesserung des Betriebsklimas" freut. Wichtig ist bei allem, dass Sie Ihren Yorkie ganz behutsam an die jeweils neue Situation heranführen. Sparen Sie dabei nie mit Lob. Trauen Sie ihm andererseits aber auch außerhalb Ihrer vier Wände ruhig ein ordentliches Auftreten zu. Haben Sie Mut für mehr gemeinsame Unternehmungen.

Hundesitter und -tagesstätten

Nicht immer können Sie Ihren Yorkshire Terrier mitnehmen. Sollten Sie länger als fünf Stunden abwesend sein, ist es besser ihn bei einem Hundesitter unterzubringen als ganz alleine zu lassen. Idealerweise finden Sie jemanden im Freundes- oder Verwandtenkreis, der Ihren Yorkie liebt und bei dem sich auch Ihr Hund wohlfühlt. Ist dieser Fall für Sie unrealistisch, fragen Sie andere Hundebesitzer, die Sie täglich beim Spaziergang treffen. Vielleicht kennt jemand eine hundebegeisterte Person, die selbst keinen Vierbeiner halten kann, aber hoch erfreut über gelegentlichen Hundebesuch ist. Häufig sind Tiersitter auch Tierärzten, Tierschutzvereinen, Hundeschulen oder Zoofachhändlern bekannt. Empfehlenswert ist ebenfalls der Blick in die Kleinanzeigen Ihrer Tageszeitung oder ins Internet. Lassen Sie Ihren Yorkshire Terrier lieber von einem Profi betreuen, wenden Sie sich an eine Hundetagesstätte. Hier sind meist mehrere Vierbeiner gleichzeitig „geparkt". Für gut sozialisierte Hunde ist dieser Aufenthalt ein großer Spaß, da sie hier viel Kontakt mit Artgenossen bekommen. Sensiblere Vertreter fühlen sich eventuell bei einem privaten Betreuer wohler, denn er kümmert sich ganz individuell ausschließlich nur um sie. Tagesstätten sind häufig Hundepensionen oder -hotels angegliedert.

Nach einem Tag beim Hundesitter macht das Kuscheln mit Herrchen doppelt Spaß!

Hier ist der Aufenthalt in der Regel teurer als bei einer privaten Stelle. Andererseits können Sie in professionellen Betrieben oftmals Extras wie Erziehungstraining, Tierarztbesuche oder Wellnessprogramme buchen. Lassen Sie sich auf alle Fälle viel Zeit bei der Suche und Auswahl eines geeigneten Hundesitters. Sehen Sie sich vor Ort genau um und beobachten Sie gut, wie Mensch und Hund miteinander umgehen und aufeinander reagieren. Nur wenn ein optimales Vertrauensverhältnis gegeben ist, werden sich beide Seiten wohlfühlen. Und nur dann können Sie beruhigt auch mal ohne Ihren Yorkie unterwegs sein. Gewöhnen Sie Ihren Vierbeiner möglichst frühzeitig an die Unterbringung bei anderen Personen, dann fällt ihm später die vorübergehende Trennung von Ihnen nicht so schwer.

Urlaub

Im Urlaub den ganzen Tag mit der Familie zusammen sein – das macht Spaß!

Mit dem Yorkie auf Reisen

Dabeisein ist für einen Yorkshire Terrier alles, daher gibt es für ihn auch nichts Schöneres als Sie im Urlaub zu begleiten. Ein sicherer Garant für eine erholsame Reise ist in erster Linie eine gute Organisation im Vorfeld. Möchten Sie ins Ausland fahren, erkundigen Sie sich vorab über die landesspezifischen Einreisebestimmungen für Ihren Hund. Sprechen Sie außerdem vor Ihren Ferien mit Ihrem Tierarzt. Er wird Sie beraten und aufklären und Ihnen alle erforderlichen Medikamente mitgeben. Vergessen Sie nicht, den auf dem Microchip des Hundes enthaltenen Code spätestens vor einer geplanten Reise bei einem Tierregister (siehe Seite 126 „Hilfreiche Adressen") eintragen zu lassen, damit Ihr Vierbeiner im Falle eines Verschwindens schneller wiedergefunden werden kann. Besorgen Sie rechtzeitig alle Grenzpapiere, fehlendes Reisezubehör und Hundefutter.

Haben Sie einen hundefreundlichen Urlaubsort gefunden, geht es an die Suche einer geeigneten Unterkunft. Wollen Sie ein All-Inclusive-Paket buchen, sind Sie mit einem tierfreundlichen Hotel gut beraten. Inzwischen gibt es sogar richtige Hundehotels, in denen sich Herr und Hund gleichermaßen verwöhnen lassen können. Außerdem werden Hotels mit angegliederter Hundeschule immer beliebter. Gerade Singles treffen hier viele Gleichgesinnte und knüpfen schnell Kontakte.

Lieben Sie es dagegen ruhiger, sind Sie gern flexibel und können gut auf Luxus verzichten, empfiehlt sich ein Ferienhaus oder -wohnung. Hier sind Sie Ihr eigener Herr und haben für

Lassen Sie Ihren Yorkie auf jeden Fall in einem Tierregister eintragen, damit er im Falle des Verschwindens schnell wiedergefunden werden kann.

Urlaub

Wenn Sie mehrere Hunde halten, ist eine Ferienwohnung ein praktisches Urlaubsquartier.

sich und Ihren Yorkie viel Platz. Urige Camping- und Hüttenaufenthalte stellen für abenteuerlustige Outdoorfreaks eine reizvolle Alternative zum herkömmlichen Urlaub dar. Erkundigen Sie sich aber unbedingt vorab, ob Ihr Vierbeiner auch wirklich willkommen ist. Über das Internet oder das Tourismusbüro Ihres ausgewählten Ferienortes bekommen Sie entsprechende Adressen und Informationen.

Der Hunde-Fahrplan
Die Wahl des passenden Verkehrsmittels gehört ebenfalls zu einer guten Urlaubsorganisation. Je nach Land und gewähltem Verkehrsmittel gibt es für die Mitnahme eines Hundes einiges zu beachten, schließlich soll schon die Anreise für alle Beteiligten stressfrei und entspannend sein. Am beliebtesten ist sicherlich die Fahrt mit dem Auto. Ihr Yorkshire Terrier benötigt hier unbedingt einen eigenen Platz, an dem er vorschriftsmäßig gesichert ist. Achten Sie außerdem auf ausreichend Kühlung sowie Frischluft und Wasser. Vermeiden Sie jedoch Zugluft, denn die kann zu schweren Augenentzündungen und Erkältungen führen. Regelmäßige Gassi- und Trinkpausen sind ein Muss; halten Sie dafür immer Wasserflasche und -napf griffbereit. Füttern Sie Ihren Hund zuletzt maximal vier Stunden vor Reiseantritt, ansonsten liegt ihm sein Futter unterwegs schwer im Magen. Führt Ihre Strecke über Bergstraßen, bieten Sie Ihrem Vierbeiner bei häufigem Gähnen oder Hecheln ein paar Leckerli oder einen Kauknochen an, damit sich der unangenehme Druck auf den Ohren löst. Planen Sie auf jeden Fall genug Zeit für die Anreise ein, eventuell sogar mit Zwischenübernachtungen. Die besten Reisezeiten sind morgens und abends, eventuell sogar nachts. Versuchen Sie, Staugebiete zu umfahren. Kommen Sie trotzdem in einen Stau, verlassen Sie bei nächster Gelegenheit lieber die Autobahn für einen Spaziergang, bis sich der Stau wieder aufgelöst hat.

Tipp!
Wenn Sie selbst eine kurze Pause benötigen, lassen Sie Ihren Hund an heißen Tagen nie im Auto zurück. Auch geöffnete Fenster verhindern nicht die enorme Aufheizung des Autos, das für den Vierbeiner schnell zur quälenden und tödlichen Falle werden kann.

Freizeitpartner Hund

Selbst für kurze Pausen sollten Sie Ihren Vierbeiner nicht allein im Auto zurücklassen. Im Sommer herrschen darin rasch Temperaturen von über 40°C.

Mit der Bahn unterwegs

Ein guter Benimm Ihres Yorkshire Terriers ist für die Fahrt in einem öffentlichen Verkehrsmittel eine selbstverständliche Grundvoraussetzung. Außerdem ist eine gewisse Nervenstärke nötig, denn nicht nur auf dem Bahnsteig, sondern auch im Zug selber muss Ihr vierbeiniger Begleiter häufig mit Menschenmengen und großer Enge fertig werden. Gehen Sie vor der Abreise noch ausgiebig spazieren, damit Ihr Hund nicht nach einiger Zeit im Zug

Tipp!
Weitere interessante Hinweise zum Thema „Urlaub mit Hund" finden Sie unter:
www.urlaub-mit-hund.de *und*
www.ferien-mit-hund.de.

unruhig wird. Längere Aufenthalte sind für kleine Pinkelpausen nützlich. Nehmen Sie für den Notfall ein Kottütchen mit. Lassen Sie Ihren Yorkie nie auf dem Bahnsteig frei laufen: Durch das dortige Treiben könnte er schnell in Panik geraten und entwischen. In der Bahn ist ebenfalls Leinenzwang angesagt. Nehmen Sie Ihren Yorkshire Terrier bei zu großer Enge lieber auf den Arm oder transportieren Sie ihn gleich in einer sicheren Box, zu leicht kann er im Gewühl getreten und verletzt werden. Hunde in der Größe eines Yorkies, die auch in einer Transporttasche oder -box Platz haben, fahren übrigens kostenlos. Platzreservierungen gibt es für Hunde nicht. Im Nahverkehr gibt es vielerorts Sonderreglungen. Weitere Infos finden Sie im Internet unter www.bahn.de.

Unterwegs in Bus und Taxi

In vielen Städten gibt es spezielle Tiertaxis. Aber auch in normalen Taxis dürfen Hunde mitfahren. Erwähnen Sie aber bereits bei der Bestellung, dass Sie ein Vierbeiner begleitet. Busfahren ist in manchen Städten für Hunde

Tipp!
In Österreich und der Schweiz gelten für die Beförderung von Hunden ähnliche Bestimmungen wie in Deutschland. Nähere Informationen erhalten Sie bei der Österreichischen Bundesbahn (ÖBB) unter **www.oebb.at** *bzw. der Schweizer Bundesbahn (SBB) unter* **www.sbb.ch**.

Internet-Tipp
Unter **www.partner-hund.de** *finden Sie die Einreisebestimmungen für Reisen mit Hund ins Ausland; auch etliche Gesetze, die im Reiseland gelten, sind aufgeführt sowie diverse Inlandsbestimmungen, hundefreundliche Ferienquartiere, Reiseangebote, Checklisten, Zubehör und Bezugsquellen.*

Urlaub

kostenlos, in anderen gilt der halbe Fahrpreis. Fragen Sie entweder gleich vor Ort den Fahrer oder erkundigen Sie sich vorab beim örtlichen Fremdenverkehrsbüro.

„Eine Seefahrt, die ist lustig …"
Fährüberfahrten mit einer Dauer von ein bis drei Stunden stellen für Hundebesitzer meist kein Problem dar, weil der Vierbeiner in der Regel mit an Deck darf; allerdings kann dies auch von Land zu Land verschieden sein, erkundigen Sie sich also lieber vorab bei Ihrem Reiseveranstalter. Bei längeren Strecken sind Hunde häufig wegen fehlender Unterbrin-

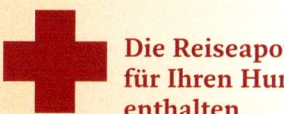

Die Reiseapotheke für Ihren Hund sollte enthalten

+ Eventuell benötigte Dauermedikamente
+ Mittel gegen Durchfall
+ Wundspray/Desinfektionsmittel
+ Augen- und Ohrentropfen
+ Floh- und Zeckenmittel
+ Zeckenzange
+ Schere
+ Fieberthermometer
+ Gaze, Verbandsmaterial
+ Pfotenschutzschuh
+ Rescue-Tropfen von Bach

Schifffahrten mit Hund sind häufig nicht ideal. Bringen Sie Ihren Vierbeiner während einer solchen Reise besser bei einem netten Hundesitter unter.

Nehmen Sie für den Notfall eine Reiseapotheke mit in den Urlaub.

Freizeitpartner Hund

Das gehört ins Hundegepäck

- ✓ Leine und Halsband bzw. Geschirr
- ✓ Adressen-Schild fürs Halsband mit Urlaubsadresse und dem Reisezeitraum sowie der Heimatadresse
- ✓ Eventuell Maulkorb
- ✓ Eventuell Transportbox
- ✓ Körbchen, Decke und Handtücher
- ✓ Spielzeug
- ✓ Frisches Trinkwasser und Näpfe
- ✓ Futter, Leckerli und Kauknochen
- ✓ Dosenöffner
- ✓ Bürste und/oder Kamm
- ✓ Kottütchen
- ✓ Sonnenschutz
- ✓ Reiseapotheke
- ✓ EU-Heimtierausweis/Grenzpapiere
- ✓ Versicherungsnummer und Nummer der Telefonhotline bzw. Anschrift der Haftpflichtversicherung

Denken Sie auch daran, das Lieblingsspielzeug Ihres Yorkies mitzunehmen.

gungsmöglichkeiten nicht zugelassen. Manche Fähren bieten inzwischen schon spezielle Hundekabinen an. Grundsätzlich gilt auf Schiffen Leinenzwang, manchmal sogar Maulkorbpflicht. Vergessen Sie nicht Ihre Hundegrundausstattung wie Napf, Wasser, evtl. etwas Futter, eine Decke sowie den Impfpass und je nach Einreiseformalität ein Gesundheitszeugnis. Kreuzfahrten sind für Hunde tabu. Einzige Ausnahme: die „Queen Elisabeth II", sie hat ein eigenes Hundedeck.

Flugreisen mit Hund

Kleine Hunde bis zu einem Gewicht von 5 kg dürfen bei den meisten Fluggesellschaften im Passagierraum mitfliegen. Informieren Sie sich aber unbedingt vor der Flugbuchung über die genauen Mitnahmebedingungen. Auch Blinden- und Behindertenbegleithunde können unabhängig von ihrer Größe bei ihrem Halter bleiben. Sprechen Sie vor einem Flug mit Ihrem Tierarzt und lassen Sie sich auf jeden Fall ein Beruhigungsmittel für Ihren Vierbeiner mitgeben, denn eine Flugreise bedeutet großen Stress für den Hund.

Weitere Informationen zum Thema bekommen Sie unter www.flughund.de.

Das gewohnte Körbchen sollte auf Reisen natürlich nicht fehlen.

Urlaub

Für die Pflegefamilie muss zusätzlich ins Hundegepäck

✓ Eventuell nötige Medikamente
✓ Ihre Urlaubsadresse bzw. Handynummer für Notfälle
✓ Telefonnummer Ihres Tierarztes
✓ Liste mit Vorlieben, Abneigungen und Eigenheiten Ihres Hundes

Der Yorkshire Terrier in der Pflegestelle

Bei manchen, besonders weit entfernten oder heißen Urlaubszielen ist es besser auf die Mitnahme Ihres Yorkies zu verzichten und ihn während Ihrer Abwesenheit zu Hause optimal unterzubringen. Auch diese Ferienvariante muss gut vorbereitet werden. So gilt es zunächst einen zuverlässigen, lieben Hundesitter oder eine kompetente Tierpension zu finden. Im Idealfall kann Ihr Yorkshire Terrier bei Verwandten oder Freunden einquartiert werden. Häufig nimmt der Züchter seinen ehemaligen Nachwuchs gern in Pflege. Vielleicht kennt er aber auch jemanden, bei dem Ihr Vierbeiner während Ihres Urlaubs gut aufgehoben ist. Professionelle Hundepensionen finden Sie etwa über das Internet, Ihren Tierarzt, Tierschutzvereine, Hundevereine, den Kleinanzeigenteil Ihrer Tageszeitung oder Tierzeitschriften. Auch andere Hundebesitzer, die Ihren Yorkie ebenfalls schon in einer Pension untergebracht haben, können Ihnen entsprechende Tipps geben. Sogar Tierheime nehmen vorübergehende Pfleglinge auf. Die Bezahlung ist hier für einen guten Zweck, denn das Geld kommt gleichzeitig dem Tierschutz zugute. Nehmen Sie sich unbedingt Zeit für die Auswahl eines geeigneten Pflegeplatzes. Sehen Sie sich vor Ort genau um, sprechen Sie ausführlich mit der zuständigen Person und vereinbaren Sie vorab am besten mehrere Treffen, damit Ihr Yorkie und der vorübergehende Betreuer sich schon etwas kennenlernen. Beobachten Sie das Verhalten Ihres Vierbeiners: Fühlt er sich wohl in der neuen Umgebung? Hat er Vertrauen zu seinem möglichen Pfleger? Nehmen Sie Abstand von Hundepensionen, die nur auf Ihr Geld, nicht aber auf das Wohl Ihres Hundes aus sind. Zahlen Sie andererseits lieber mehr, wenn Ihnen der Pflegeplatz optimal erscheint. Haben Sie einen vertrauenswürdigen Hundesitter gefunden, schließen Sie mit ihm einen Vertrag ab. Sprechen Sie eventuelle Vorlieben, Abneigungen und Eigenheiten Ihres Yorkshire Terriers an. Informieren Sie ihn außerdem über die gewohnten Fütterungs- und Gassigehzeiten. Gehorcht Ihr Vierbeiner nicht absolut zuverlässig, bitten Sie den Pfleger, Ihren Hund beim Spaziergang nicht abzuleinen. Alle wichtigen Informationen halten Sie für den Sitter am besten schriftlich fest. Geben Sie Ihren Yorkie nicht erst am letzten Tag vor Ihrer Reise in der Betreuungsstelle ab, damit eventuelle Schwierigkeiten noch vor Ihrer Abfahrt geklärt werden können.

An dem Verhalten Ihres Vierbeiners merken Sie schnell, ob er sich in der Pflegestelle wohlfühlt.

Gesundheit

Vorsorge

Vorbeugende Maßnahmen können zu einem langen und gesunden Hundeleben beitragen.

Vorsorge

Neben einer optimalen Pflege, Ernährung und Auslastung gibt es weitere vorsorgende Maßnahmen, die zu einem langen, gesunden Hundeleben beitragen. Hierzu gehören natürlich regelmäßige Entwurmungen und Impfungen (siehe Kasten). Außerdem ist ein hygienisches Umfeld wichtig: Achten Sie stets auf einen sauberen Futterplatz und gereinigte Näpfe. Waschen Sie auch das Hundebett öfters in der Maschine, damit Parasiten wie Milben oder Flöhe keine Überlebenschance haben. Suchen Sie Ihren Yorkie zudem von Frühjahr bis Herbst täglich nach Zecken ab, denn diese könnten Ihren Hund mit Borreliose infizieren. Vor starkem Befall schützen spezielle Präparate vom Tierarzt.

Eine bewährte Prophylaxe gegen Krankheitsanfälligkeit ist viel Bewegung an der frischen Luft bei jedem Wetter, denn auf diese Weise härten Sie Ihren Vierbeiner ab.

Manchen gesundheitlichen Schwachstellen Ihres Hundes können Sie gut mit Alternativmedizin begegnen und dadurch Erkrankungen vorbeugen. Hier leistet beispielsweise die Homöopathie hervorragende Dienste. So unterstützt Echinacea wirkungsvoll ein geschwäch-

Gegen manche gesundheitliche Schwachstellen hält die Kräutermedizin viele wirksame Rezepte parat.

Impfungen

Um Ihren Vierbeiner vor einigen sehr gefährlichen Infektionskrankheiten zu schützen, sind Impfungen wichtig. Zwar kann ein geimpfter Hund noch an den diversen Erregern erkranken, der Krankheitsverlauf selbst ist dann aber nur leicht, denn das Immunsystem hatte durch die Impfung vorab schon die Möglichkeit, sich durch die Bildung von entsprechenden Antikörpern auf die Erregerbekämpfung vorzubereiten.

Folgendes Impfschema ist angeraten:

6. Woche (in gefährdeten Beständen): Parvovirose

8. Woche: *Hepatitis c.c. (HCC), Leptospirose, Parvovirose, Staupe*

12. Woche: *Hepatitis c.c. (HCC), Leptospirose, Parvovirose, Staupe, Tollwut*

16. Woche: *Hepatitis c.c. (HCC), Parvovirose, Staupe, Tollwut*

15. Monat: *Hepatitis c.c. (HCC), Leptospirose, Parvovirose, Staupe, Tollwut*

Alle ein bis drei Jahre erfolgt eine **Auffrischungsimpfung**: Parvovirose, Staupe, Hepatitis c.c. (HCC), Leptospirose, Tollwut.

Eine Impfung gegen **Zwingerhusten** empfiehlt der Tierarzt individuell, je nach Umfeld des Tieres und akuter Seuchenlage.

Inzwischen weiß man, dass einige wichtige Impfstoffe Hunde deutlich länger schützen als nur ein Jahr. Durch manche wird sogar bereits nach der Grundimmunisierung des Welpen eine lebenslange Immunität erreicht. In etlichen Ländern ist es jedoch erforderlich, Auffrischungsimpfungen, die alle ein bis drei Jahre durchgeführt werden, nachweisen zu können.

Gesundheit

Entwurmung

Führen Sie viermal im Jahr eine Wurmkur bei Ihrem Vierbeiner durch, um ihn vor Darmparasiten wie Band-, Rund-, Haken- und Peitschenwürmern zu schützen, mit denen er sich überall in freier Natur durch tote Wildtiere oder deren Kot infizieren kann. Achten Sie dabei auf wechselnde Präparate, da die Parasiten Resistenzen bilden können. Möchten Sie Ihren Hund nicht routinemäßig entwurmen, sollten Sie wenigstens alle drei Monate eine Kotprobe von Ihrem Tierarzt auf Würmer untersuchen lassen, damit Sie im Falle einer Infektion schnell handeln können, schließlich ist eine Übertragung auf Menschen ebenfalls möglich.

Physiologische Daten eines Yorkshire Terriers

Körpertemperatur 38 bis 39 °C (bei Welpen bis zu 39,3 °C)

Atemfrequenz 30 bis 50 Züge pro Minute

Pulsfrequenz 90 bis 120 pro Minute

Schleimhaut: rosa, feucht, glatt und glänzend, ohne Auflagerungen

Bei Stress und/oder körperlicher Belastung steigen diese Werte an.

---

tes Immunsystem. Das Anfangsmittel bei einer beginnenden Erkältung ist Aconitum. Gelsemium oder Euphorbium können bei bereits bestehendem Schnupfen und Belladonna bei Husten helfen. Zur Verbesserung des Allgemeinbefindens wird China oder Mucosa verabreicht. Weitere wirksame Rezepte hält die Kräutermedizin parat. So tun Salbei-Tee und -Honig Ihrem Hund bei Husten gut. Auch Löwenzahn- und Spitzwegerich-Honig sind empfehlenswert. Geben Sie in der Akutphase mehrmals täglich einen Teelöffel. Anfällige, alte oder geschwächte Tiere bekommen durch Zufütterung von Vitamin-C-reichem Hagebutten- oder Holunderbeerenmus neuen Schwung. Zur allgemeinen Stärkung ist Rosmarin sehr gut geeignet. Brennnessel und Löwenzahn kurbeln den Stoffwechsel an und sorgen auf diese Weise für eine bessere Fitness.

Achten Sie darauf, dass auch Ihr Garten hundesicher ist, denn damit können unnötige Verletzungen vermieden werden.

Vorsorge

Impfungen sind wichtig, um den Hund vor einigen lebensgefährlichen Infektionskrankheiten zu schützen.

Reiben Sie rissige Ballen mit Kamillen- oder Ringelblumensalbe ein, damit sie sich nicht entzünden. Ebenso bewährt haben sich Johanniskraut- und Lavendelöl.

Behandeln Sie eine durch Schneefressen verursachte Magenreizung mit Kamillen-Tee; er wirkt entzündungshemmend und beruhigt die Schleimhaut. Legen Sie bei Bauchschmerzen warme, entspannende Kamillen-Umschläge auf den Hundebauch.

Natürlich gehört auch ein hundesicheres Zuhause zu einer umfassenden Gesundheitsvorsorge. So ist der beste Schutz vor Unfällen die Vermeidung gefährlicher Situationen. Was Sie dabei in Ihrer Wohnung und Ihrem Garten alles beachten müssen, lesen Sie ab Seite 40 „Welpensicheres Zuhause". Wenn Ihr Yorkshire Terrier nicht zuverlässig folgt, leinen Sie ihn in unsicherem Gelände nie ab: Zu schnell kommt es zu einer Katastrophe. Ein wirkungsvoller Schutz vor Vergiftungen ist, Ihrem Vierbeiner schon frühzeitig beizubringen, nur auf Befehl hin zu fressen. So nimmt er auch unterwegs nichts Unerlaubtes und eventuell Gefährliches auf.

 **Die Hausapotheke für Ihren Hund**

+ Eventuell nötige Dauermedikamente
+ Mittel gegen Reisekrankheit/Beruhigungsmittel (vom Tierarzt)
+ Mittel gegen Durchfall
+ Wundspray/Desinfektionsmittel
+ Augen- und Ohrentropfen
+ Floh- und Zeckenmittel
+ Zeckenzange
+ Wurmkur
+ Schere
+ Fieberthermometer
+ Gaze, Verbandsmaterial
+ Pfotenschutzschuh
+ Vaseline gegen rissige Ballen
+ Eventuell Maulkorb
+ Rescue-Tropfen von Bach

Bekannte Krankheitsbilder

Grundsätzlich ist der Yorkshire Terrier eine sehr robuste, gesunde Rasse.

Bekannte Krankheitsbilder

Je eher Sie eine Krankheit bei Ihrem Yorkie erkennen, umso besser. Beobachten Sie daher Ihren Hund gut und reagieren Sie bereits bei den ersten Anzeichen einer Erkrankung. Suchen Sie frühzeitig einen Tierarzt auf, hat Ihr Vierbeiner die besten Heilungschancen.

Nachfolgend stellen wir einige bekannte Krankheitsbilder vor, grundsätzlich ist der Yorkshire Terrier aber eine sehr robuste, gesunde Rasse.

Patellaluxation

Patellaluxation bedeutet eine Verlagerung der Kniescheibe aus ihrer Gleitrinne im Oberschenkelknochen. Mögliche Ursachen sind eine zu flach ausgebildete Gleitrinne und Ab-

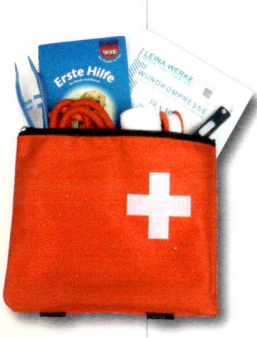

Notfall-Set

+ Elastische Mullbinden
+ Sterile Gaze
+ Selbstklebende Verbände
+ Watte
+ Pflasterrolle
+ Verbandsschere
+ Wunddesinfektionsmittel
+ Antiseptisches Puder
+ Brand- und Antihistamin-Salbe (vom Tierarzt)
+ Heparin-Salbe (vom Tierarzt)
+ Traumeel Salbe
+ Digitales Fieberthermometer
+ Taschenlampe
+ Decke
+ Eventuell Maulkorb
+ Ersatzleine
+ Einmalhandschuhe

In den VDH-Vereinen, die den Yorkie betreuen, wird seit Jahren auf gesunde, stabile Knie selektiert.

weichungen in der Knochenachse zwischen Ober- und Unterschenkel. Die Erkrankung ist vererbbar und tritt meist während des Wachstums im ersten Lebensjahr zutage. In etwa 80 % der Fälle und gehäuft bei Zwerghunderassen luxiert die Kniescheibe nach innen (mediale Luxation). Bei wiederholtem Auftreten können schmerzhafte Gelenkentzündungen und Knorpelschäden entstehen, die dann wiederum zu Lahmheit und Hochhalten des betroffenen Beins führen. Springt die Kniescheibe in ihre normale Position zurück, wird das Bein wieder normal belastet. Um schwere Gelenkschäden zu vermeiden, ist eine frühzeitige Behandlung angeraten. In einem frühen Stadium ist meist keine Operation notwendig; später müssen die Gleitrinne der

Gesundheit

Kniescheibe operativ vertieft und die Ansatzstelle des geraden Kniescheibenbandes versetzt werden.

In den dem VDH angehörenden Vereinen, die den Yorkshire Terrier betreuen, wird seit Jahren auf gesunde, stabile Knie selektiert.

Herzschwäche im Alter

Ab einem Alter von etwa acht Jahren kann bei Yorkshire Terriern, wie bei anderen Zwerghunderassen auch, eine Herzschwäche infolge einer Mitralklappeninsuffizienz auftreten. Die Mitralklappe schließt dann nicht mehr richtig, weshalb Blut in den Vorhof zurückfließt. Der Herzmuskel muss nun stärker arbeiten, um dem Rückfluss entgegenzuwirken. Dadurch kommt es im Laufe der Zeit zu einer Herzvergrößerung. Wird dieses Problem frühzeitig erkannt, ist es gut mit Medikamenten zu behandeln. Die Hunde können damit trotzdem noch viele Jahre leben. Ein regelmäßiges, aufmerksames Abhören durch den Tierarzt sowie eine Ultraschalluntersuchung des Herzens ab dem achten Lebensjahr ist bei einem Yorkshire Terrier also schon vorbeugend ratsam.

Zahnstein

Zwerghunderassen wie der Yorkshire Terrier neigen vermehrt zu Zahnsteinbildung. Häufig tritt dieses Problem schon bei relativ jungen Hunden auf. Eine regelmäßige Zahnpflege ist also beim Yorkie wichtig. Dies kann mit hartem Futter (Trockenfutter, harte Leckerlis, Kauröllchen, Zahnpflege-Stripes) geschehen, aber auch durch regelmäßiges Zähneputzen mit einer speziellen Zahnbürste und -pasta.

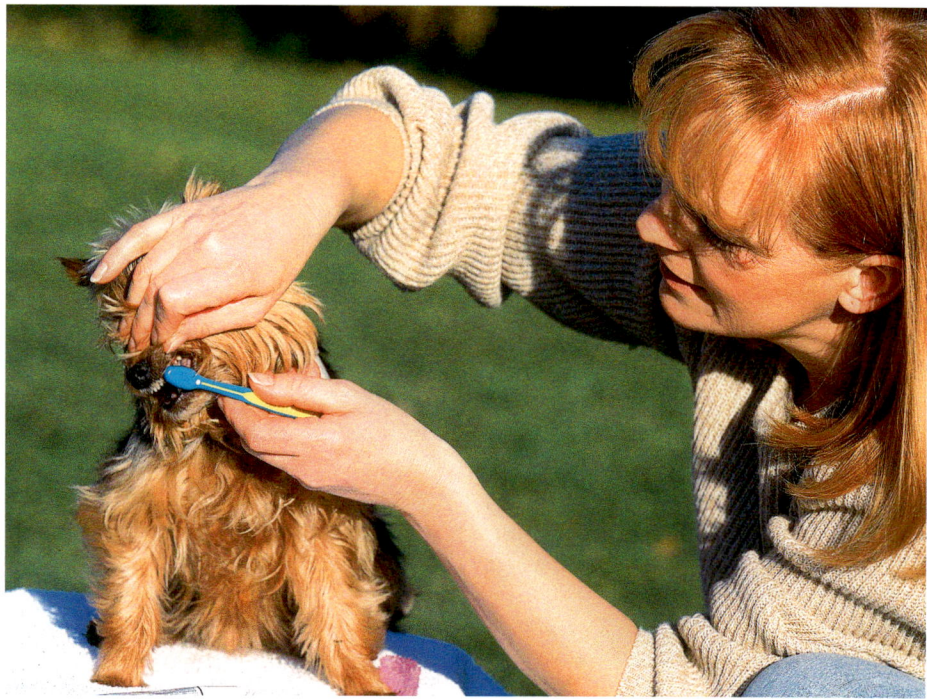

Eine regelmäßige Zahnpflege ist wichtig, weil der Yorkie zur Zahnsteinbildung neigt.

Schwerer Zahnstein muss regelmäßig vom Tierarzt entfernt werden, da die daraus resultierende, vermehrte Bakterienansiedlung an den Zähnen nicht nur Zahnfleischentzündungen, Zahnfäule und Zahnausfall, sondern auch Schädigungen im gesamten Organismus zur Folge haben kann.

Bindehautentzündung

Aufgrund ihrer langen Haare neigen Yorkshire Terrier manchmal zu unangenehmen Bindehautentzündungen. Zugluft, starker Wind oder Pollenflug können zusätzlich reizen. Die Bindehaut zeigt sich gerötet, das Auge selbst tränt und kann auch verkleben. Die Behandlung erfolgt mit einer entsprechenden Salbe oder Tropfen vom Tierarzt.

In seltenen Fällen spricht eine Bindehautentzündung nicht auf die üblichen Medikamente an. Dann ist eine spezielle Augenuntersuchung notwendig, um andere Ursachen für die Entzündung abzuklären (fehlstehende Wimpern = Distisiasis, zu trockene Hornhaut = Keratitis sicca).

Es empfiehlt sich generell, die Haare im Kopfbereich zu kürzen oder mit einer Haarspange als Schopf oder Zopf auf der Stirn des Hundes zu fixieren, damit eine Reizung der Augen durch das Fell ausgeschlossen ist.

Yorkshire Terrier neigen wegen des langen Felles bisweilen zu Bindehautentzündungen. Darum ist es sinnvoll, die Haare im Kopfbereich zu kürzen.

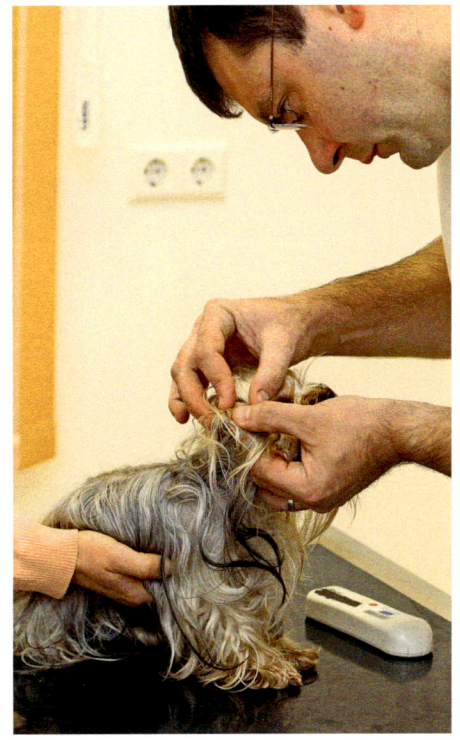

Eine jährliche Routineuntersuchung durch Ihren Tierarzt sollte sein, damit eventuelle Krankheiten frühzeitig erkannt werden können.

Alternative Heilmethoden

In der Naturheilkunde werden die Hunde ganzheitlich behandelt.

Alternative Heilmethoden sind auch im tiertherapeutischen Sektor zunehmend im Kommen. Bei manchen Krankheiten kann eine schulmedizinische Behandlung häufig völlig durch alternative Verfahren ersetzt werden. In der Regel dauert solch eine Therapie zwar länger, andererseits ist sie jedoch deutlich nebenwirkungsärmer. Auch bei chronischen Erkrankungen hat sich der Einsatz alternativer Heilmethoden bewährt. In schweren Krankheitsfällen können natürliche Verfahren mit der Schulmedizin kombiniert werden und so zusätzliche Linderung verschaffen. Im Folgenden stellen wir Ihnen einige bewährte Heilmethoden vor.

Homöopathie

Die Homöopathie, die von dem Arzt Samuel Hahnemann (1755–1843) begründet wurde, betrachtet den Menschen bzw. das Tier als Ganzes. Hier spielt nicht nur das akute körperliche Symptom eine Rolle, sondern die gesamte Persönlichkeit des Tieres mit all ihren körperlichen und seelischen Eigenheiten. Um das passende Mittel zu finden, sind also neben dem Leitsymptom auch der Wesenstyp, die Entstehung der Krankheit, der augenblickliche Zustand und weitere Besonderheiten des Patienten zu beachten. Dabei gilt der Grundsatz: Ähnliches ist mit Ähnlichem zu heilen. Homöopathika stammen überwiegend aus dem Pflanzenreich; man verwendet aber auch Mineralien, Stoffe aus dem Tierreich, Metalle und Nosoden. Mithilfe von Wasser, Alkohol oder Milchzucker entstehen aus den natürlichen Stoffen Ursubstanzen. Diese Ursubstanzen werden nach den Angaben Hahnemanns durch entsprechende Verdünnungen zu Dezimalpotenzen (D-, C-, LM-Potenzen) verarbeitet, die der Therapeut schließlich je nach Schweregrad der Erkrankung zur Behandlung einsetzt. Homöopathische Arzneimittel gibt es als Tropfen, Tabletten, Globuli (Streukügelchen) oder Injektionslösungen. Neben den reinen Substanzen sind auch etliche homöopathische Mischpräparate erhältlich, sogenannte Komplexmittel.

Phytotherapie

Unter Phytotherapie oder Pflanzenheilkunde versteht man die Lehre der Verwendung von Heilpflanzen als Medikament. Sie gehört zu den ältesten medizinischen Therapien und ist auf der ganzen Welt in allen Kulturen verbreitet. Zum Einsatz kommen dabei ganze Pflanzen und deren Teile (Blüten, Blätter, Wurzel), die auf verschiedene Weise (z. B. als Frischkraut, Aufguss, Auskochung, Kaltwasserauszug und Pulverisierung) zu einem Medikament verarbeitet werden. Meist verwendet der Phytotherapeut Stoffgemische, die sich bereits als gut wirksam bewährt haben. Auch die Homöopathie nutzt auf pflanzlicher Ebene die Erkenntnisse der Phytotherapie.

In der Homöopathie spielt nicht nur das körperliche Symptom eine Rolle, sondern auch die gesamte Persönlichkeit des Vierbeiners.

Hunde sprechen auf den Einsatz von Heilpflanzen ausgesprochen gut an.

Gesundheit

Akupunktur

Die Akupunktur ist ein Teilgebiet der Traditionellen Chinesischen Medizin (TCM). Man geht hier von über 300 Akupunkturpunkten aus, die auf verschiedenen Meridianen (= Energiebahnen) des Körpers angeordnet sind. Durch das Einstechen von speziellen Akupunkturnadeln erwärmen sich die gestochenen Punkte und bringen das Qi (= Lebensenergie) wieder in einen intakten Fluss. Die Akupunktur gehört zu den Umsteuerungs- und Regulationstherapien. Eine Sitzung dauert 20–30 Minuten. Der Patient wird dabei ruhig und entspannt gelagert. Eine komplette Therapie umfasst in der Regel 10–15 Sitzungen. Die Akupunktur hat sich vor allem bei Schmerzpatienten bewährt. Für Hunde mit HD oder anderen Gelenkproblemen ist dies oft die letzte Chance, schmerzfrei zu werden. Eine Spezialform der Akupunktur ist die Goldakupunktur. Dabei werden kleine Goldkügelchen minimalinvasiv unter Narkose in bestimmte Akupunkturpunkte eingesetzt. Diese Goldkugeln bewirken eine Dauerakupunktur, wodurch die Schmerzleitung gehemmt wird und das Tier somit wieder beschwerdefrei läuft. Der Eingriff ist einmalig und wirkt in der Regel ein Leben lang. Die Goldakupunktur führt nicht jeder Tierarzt durch. Voraussetzung ist eine Ausbildung sowie langjährige Erfahrung in Akupunktur, ganzheitlicher Orthopädie und Chirurgie. Tierärzte mit der Zusatzbezeichnung „Akupunktur" sind bei den einzelnen Landestierärztekammern zu erfahren.

Osteopathie

Die Osteopathie ist eine sanfte Methode, mit deren Hilfe die Selbstheilungskräfte des Körpers neu aktiviert werden. Auch der Osteotherapeut arbeitet ganzheitlich. Nach einem ausführlichen Gespräch über den Patienten und dessen Beschwerden erspürt er mit seinen Händen Körperblockaden, die er anschließend durch bestimmte Berührungstechniken auflöst (meist sind mehrere Anwendungen nötig). Auf diese Weise kommt das Körpergewebe wieder ins Gleichgewicht und alle Körperflüssigkeiten zurück in ihren natürlichen Fluss. Osteopathie wird vor allem bei Schmerzpatienten erfolgreich angewendet, wobei der Schmerz meist nur ein Symptom einer tiefer liegenden Erkrankung bzw. Blockade ist. Immer mehr Tierphysiotherapeuten bieten zusätzlich zu ihrem herkömmlichen Leistungsspektrum Osteopathie an.

Eine Behandlung mit Akupunktur ist für viele Schmerzpatienten die letzte Möglichkeit, wieder beschwerdefrei laufen zu können.

Neben der Akupunktur wird auch die Osteopathie sehr erfolgreich bei der Behandlung von Schmerzpatienten eingesetzt.

Der ältere Yorkshire Terrier

Was ändert sich im Alter?

Hundesenioren haben sich nach ereignisreichen Jahren des Zusammenlebens mit uns einen besonders schönen Lebensabend verdient.

Der ältere Yorkshire Terrier

Grenzen Sie einen alten Hund nicht aus, sondern lassen Sie ihn so normal wie möglich an Ihrem Alltag teilhaben.

Gehen Sie auch auf Spielaufforderungen Ihres älteren Yorkies ein, denn dies wirkt für den Vierbeiner kurzzeitig wie ein Jungbrunnen.

Ein Yorkshire Terrier altert etwa ab dem 10. Lebensjahr. Dies macht sich nicht nur durch äußere Anzeichen wie dem zunehmenden Grauwerden um Schnauze und Augen bemerkbar, sondern auch durch bestimmte Wesensveränderungen und Altersschwehwehchen. Ihr Yorkie wird nun gelassener und ruhiger. Er hat ein höheres Schlafbedürfnis als früher, sein Bewegungsdrang nimmt allmählich ab. Oftmals reagieren ältere Vierbeiner weniger flexibel auf Veränderungen. Ebenfalls häufig zu erkennen ist eine verstärkte Anhänglichkeit, nächtliche Unruhe und ein geringeres Interesse an Artgenossen. Manche Hunde zeigen sich sogar schrullig und legen plötzlich bestimmte Marotten an den Tag, die sie vorher nicht hatten. Ursache hierfür können Verkalkungen im Gehirn sein, die eine Senilität bewirken. Jetzt sind mehr denn je Ihr Humor und Ihre Lockerheit gefragt. Zwar sollten Sie selbst mit einem alten Vierbeiner konsequent sein, trotzdem darf hier und da ein Augenzwinkern nicht fehlen.

Auch die Leistung der Sinnesorgane lässt allmählich nach: Ihr Yorkie hört, sieht und riecht nun schlechter als früher. Viele Hunde zeigen außerdem eine erhöhte Neigung zu Übergewicht. Um den gefährlichen Folgen des Dickwerdens wie Gelenkschäden oder Herz-Kreislauf-Störungen vorzubeugen, ist eine altersangepasste Ernährung nötig.

Trotz aller Veränderungen ist es wichtig, dass Sie Ihren vierbeinigen Senior nicht als alt, senil und „unbrauchbar" abstempeln.

Fitmacher „Spielen"

Fordert Ihr vierbeiniger „Rentner" Sie noch zum Spielen auf, machen Sie ihm die Freude und gehen Sie darauf ein; so fühlt er sich wichtig und dazugehörig. Respektieren Sie allerdings die Tatsache, dass ältere Hunde schneller die Lust am Spielen verlieren als Jungspunde. An manchen Tagen ist Ihr betagter Freund vielleicht überhaupt nicht zum Spielen aufgelegt. Möchte Ihr Senior von heute auf morgen nicht mehr spielen, lassen Sie ihn vom Tierarzt untersuchen, denn eventuell verdirbt ihm ein akutes gesundheitliches Problem den Spaß.

Was ändert sich im Alter?

Der richtige Umgang

Wer rastet, der rostet

Fühlt sich ein betagter Yorkshire Terrier abgeschoben und nicht mehr altersangemessen gefordert, baut er schnell ab. Da das Sprichwort „Wer rastet, der rostet" auch für alte Hunde gilt, ist körperliche Aktivität besonders wichtig. Sie bringt nicht nur den Kreislauf in Schwung, auch Muskeln und Gelenke bleiben beweglich. Ebenso wird die Durchblutung aller Organe angeregt und eine optimale Sauerstoffversorgung gewährleistet. Der zusätzliche Abbau von Stresshormonen führt zu ausgeglichener Zufriedenheit. Passen Sie Art und Umfang der Bewegung den Bedürfnissen, der Fitness und der allgemeinen, bis dahin erworbenen Kondition Ihres Yorkies an. Gehen Sie sensibel auf den Aktivitätsdrang Ihres Vierbeiners ein. Beobachten Sie ihn gut und überfordern Sie ihn nicht. Ein Spaziergang, auf dem Ihr Senior über sein Tempo und eventuelle Toberunden selber bestimmen darf, ist besser als eine Joggingrunde, bei der Ihr alter Freund nur mühsam Schritt halten kann. War Ihr Rentnerhund sein Leben lang begeisterter Sportler, hat er bei entsprechender körperlicher Verfassung auch noch im Alter Spaß daran, einen Parcours mit niedrigen Hindernissen zu überqueren. Setzen Sie untrainierte Vierbeiner allerdings nicht von heute auf morgen anstrengenden, ungewohnten Aktivitäten aus.

Achten Sie bei Spaziergängen auf Regelmäßigkeit und Gleichmäßigkeit, das heißt: Gehen Sie mit einem alten Yorkshire Terrier lieber mehrmals täglich eine halbe Stunde spazieren als einmal am Tag ganz lang. Halten Sie diese Zeiten auch am Wochenende und im Urlaub ein, damit der Grad der Belastung einheitlich bleibt. Lassen Sie Ihren Senior außerdem nur aufgewärmt an einer Übungseinheit auf dem Hundeplatz oder einer Toberunde mit Artgenossen teilnehmen. Ein unvorbereiteter Kaltstart belastet Herz, Kreislauf, Muskeln, Bänder und Gelenke zu stark. Gehen Sie mit Ihrem Vierbeiner lieber erst in gleichmäßigem Schritttempo an der Leine spazieren, ehe er sich richtig auspowern darf. Nach einer sportlichen Betätigung sollte Ihr Senior ebenfalls in ruhigem Tempo wieder abkühlen können.

Auch Ihr Senior hat im Alter noch Freude daran, über niedrige Hindernisse zu laufen – sofern er schon immer ein begeisterter Sportler war und die entsprechende Konstitution hat.

Angemessene Bewegung für Seniorhunde

Um Gelenke, Muskeln und Bänder zu schonen ist eine gleichbleibende Bewegungsabfolge empfehlenswerter als beispielsweise ein wildes Ballspiel, bei dem der Hund abrupt starten und wieder abbremsen muss.

Extrem Kreislauf belastend sind hohe, schwüle Sommertemperaturen. Verlegen Sie Spaziergänge und sportliche Aktivitäten mit Ihrem wedelnden Rentner an solchen Tagen also lieber auf die kühlen Morgen- und Abendstunden.

Der ältere Yorkshire Terrier

Beim Gassigehen sollten Sie Ihren Vierbeiner das Tempo bestimmen lassen.

Allroundhelfer „Spaziergang"

Regelmäßiges Spazierengehen ist für alte Hunde toll und sehr wichtig. Der Vierbeiner kann hier sein Tempo selbst bestimmen. Die Bewegungsabläufe sind in der Regel gleichmäßig. Außerdem hält ein Gang an der frischen Luft viele Sinneseindrücke parat: Ihr Senior hat Kontakt zu Artgenossen und zu anderen Menschen. Zudem nimmt er unterschiedliche Gerüche wahr („Zeitung lesen"). Und: Die Bewegung draußen bei jedem Wetter stärkt das Immunsystem. Ein Spaziergang wird abwechslungsreicher, wenn Sie unterwegs kleine Spielchen oder Gehorsamsübungen einstreuen. Nehmen Sie es Ihrem Rentner aber nicht krumm, wenn er mal einen schlechteren Tag und somit keine Lust auf Gaudi hat. Stecken Sie zur Belohnung immer die Lieblingsleckerlis Ihres haarigen Freundes ein. Auch die regelmäßige Verabredung mit anderen Hundebesitzern macht die tägliche Bewegung kurzweiliger.

Ein toller Sommersport für alte Yorkies ist Schwimmen. Der dabei ausgeführte gleichmäßige Bewegungsablauf schont den Kreislauf und die Gelenke. Hier kann Ihr Yorkshire Terrier auch sein Tempo und das Maß der Bewegung gut selbst bestimmen. Nichtschwimmer planschen vielleicht lieber à la Kneipp. Nutzen Sie in der warmen Jahreszeit also jeden Bach oder Teich, an dem sie vorbeikommen. Rubbeln Sie einen empfindlichen Hund an kühlen Tagen jedoch unbedingt gut trocken, denn Nässe und Wind führen schnell zu einer gefährlichen Lungenentzündung oder einem schmerzhaften Rheumaschub. Für die kalten Wintermonate gibt es inzwischen schon vereinzelt Hundeschwimmbäder; diese sind in der Regel einer Praxis für Tierphysiotherapie angeschlossen.

Leidet Ihr Vierbeiner bereits unter körperlichen Beschwerden, müssen Sie ihn dennoch nicht völlig ruhig stellen. Bei etlichen chronischen Erkrankungen trägt ein individuell abgestimmtes Mobilitätsprogramm oft sogar zur Besserung bei. In der Akutphase kann allerdings

Was ändert sich im Alter?

vorübergehende Ruhe nötig sein. Am besten besprechen Sie sich in einem solchen Fall mit Ihrem Tierarzt. Er klärt Sie je nach Art und Schwere des Leidens Ihres Yorkies darüber auf, welche Bewegungen erlaubt und welche verboten sind. Bei Krankheiten des Bewegungsapparates hilft auch eine gezielte Physiotherapie.

Beschäftigungstipps für Seniorhunde
Gerade Yorkshire Terrier sind bis ins hohe Alter verspielt. Meist toben sie zwar nicht mehr mit Artgenossen, dafür albern sie immer noch gerne in kurzen Sequenzen mit Herrchen oder Frauchen herum. Für ältere Vierbeiner bringt Spielen nicht nur Spaß, sondern es hat sogar einen therapeutischen Nutzen – es bedeutet Ablenkung von kleineren Alterswehwehchen sowie Stärkung des altersmäßig häufig angeknacksten Selbstbewusstseins, denn der vierbeinige Senior steht plötzlich wieder ganz im Mittelpunkt und erhält viel Lob, das zu neuem Stolz verhilft. Viele Graue Schnauzen fallen durch ein lustiges Spiel sogar regelrecht in einen Jungbrunnen. Und: Hunde, die ihr Leben lang spielerisch gefordert wurden, bleiben generell länger fit und gesund. Das Spiel mit älteren Vierbeinern verlangt natürlich erhöhte Rücksichtnahme auf den aktuellen Gesundheitszustand sowie die bis dahin erworbene Kondition. Leidet ein Hund unter Arthrose, darf er beispielsweise keine Hindernisse überspringen, kann dafür aber noch leichte Gegenstände apportieren oder eine Fährte erschnüffeln. Diverse Zipperlein sind also noch kein Grund, generell auf Spiel und Spaß zu verzichten. Mit etwas Fantasie, viel Einfühlungsvermögen und Humor findet man genügend Möglichkeiten, auch einen Seniorhund altersangemessen zu fordern.

> *Apportieren steht bei vielen älteren Hunden noch hoch im Kurs. Mit Rücksicht auf den schon abgenützten Bewegungsapparat des Tieres, sollten die zu bringenden Gegenstände allerdings wenig wiegen. Ansonsten sind Ihrer Fantasie kaum Grenzen gesetzt: Ob ein Socken, Handschuh oder Schaumgummiball, Ihr kleiner Gentleman wird Sie sicherlich nicht enttäuschen.*

> *Haben Sie einen alternden, aber noch fitten Sportler im Haus, lassen Sie ihn über niedrige Hürden springen, wie beispielsweise zwei mit etwas Abstand auf dem Boden gegenüberliegende Besen-*

Auch mit einem Hundesenior sind gemeinsame Ausflüge möglich – eben an seine Fitness angepasst.

Viele Seniorhunde haben noch Spaß am Spielen, außerdem schweißt es Sie und Ihren Liebling noch enger zu einem tollen Team zusammen.

stiele, deren Zwischenraum er nicht berühren darf.

- Ein oder zwei hintereinander aufgestellte und mit einem Bettlaken abgedeckte Stühle ergeben einen interessanten Tunnel. Auch ein Umzugskarton eignet sich als „Röhre", die ein älterer Yorkie gut auf Kommando durchqueren kann.

- Bieten Sie Ihrem vierbeinigen Rentner Schnüffelspiele an, die seine Sinne und die Konzentrationsfähigkeit fördern. Da die Riechleistung im Alter abnimmt, sind stark duftende „Lockstoffe" wie getrockneter Pansen empfehlenswert, mit dem Sie beispielsweise eine Fährte durch den Garten legen können.

- Hat Ihr Vierbeiner im Laufe seines Lebens Kunststückchen gelernt, fragen Sie diese immer wieder ab, denn das hält geistig fit. Hunde, die hier über Jahre hinweg trainiert wurden, lernen selbst noch im Alter problemlos neue Tricks. Aber auch für eher ungeübte Rentner ist eine Neueinstudierung leichter Übungen wie Pfotegeben oder Sich-Schlafend-Stellen machbar und sinnvoll, denn durch Kopfarbeit bleiben ergraute Schnauzen deutlich länger jung. Selbst die wiederholte Abfrage des Grundgehorsams ist für alte Hunde eine wichtige Bestätigung.

Das gemeinsame Spielen mit einem Seniorhund bringt nicht nur viel Spaß und neue Lebensfreude, sondern schweißt Sie noch enger zu einem tollen Team zusammen. Nützen Sie die Zeit miteinander so lange es geht!

Pflege und Wellness

Richtig verwöhnen können Sie Ihren vierbeinigen Liebling mit einigen Anwendungen aus dem Wellnessbereich. So wird durch eine entspannende Bürstenmassage beispielsweise nicht nur abgestorbenes Haar herausgekämmt, sondern auch die vermehrte Durchblutung der Haut angeregt. Intensives Streicheln wirkt ebenfalls wie eine angenehme, vitalisierende Massage. Massieren Sie Ihren Yorkie sanft mit kreisförmigen Bewegungen. Lockernd wirkt ein leichtes Kneten und Rollen von Haut und Muskeln. Die Aromatherapie kann Hundesenioren zu neuer Energie verhelfen; sie stärkt den Kreislauf, aktiviert die Abwehrkräfte und fördert die seelische Ausgeglichenheit. Außerdem wird ihr eine besonders erfrischende Wirkung nachgesagt. Geben Sie einige Tropfen der ätherischen Öle entweder in eine Duftlampe, in ein Kräutersäckchen oder direkt auf den Liegeplatz des Hundes,

Das gelegentliche Abfragen von früher erlernten Grundkommandos und Kunststückchen hält einen älteren Yorkie geistig fit.

Was ändert sich im Alter?

Pflege-Tipps für Seniorhunde

- ✓ Regelmäßige Zahnkontrolle sowie Zähneputzen sind empfehlenswert, denn Prophylaxe schützt wirksam vor vielen Zahnproblemen.
- ✓ Bürsten und kämmen Sie Ihren Yorkshire Terrier täglich.
- ✓ Kontrollieren Sie regelmäßig die Haut auf Veränderungen und eventuelle Liegeschwielen sowie die Krallen.
- ✓ Tasten Sie Ihren Senior wöchentlich nach eventuellen Veränderungen ab.
- ✓ Entwurmen Sie auch den älteren Vierbeiner alle drei bis vier Monate bzw. lassen Sie eine Kotprobe untersuchen.
- ✓ Reinigen Sie regelmäßig Augen, Ohren, Scham bzw. Penis.
- ✓ Rauchen Sie nicht in der Gegenwart Ihres Hundes, denn Passivrauchen beschleunigt den Alterungsprozess.
- ✓ Geben Sie Ihrem Vierbeiner einen warmen, weichen und vor Zugluft geschützten Schlafplatz, denn Sie hygienisch sauber halten.
- ✓ Gehen Sie ein- bis zweimal im Jahr zur Altersvorsorgeuntersuchung zu Ihrem Tierarzt.

allerdings sehr sparsam dosiert (2–3 Tropfen), damit die feine Hundenase den Geruch nicht als störend empfindet. Für ältere Vierbeiner sind besonders Lavendel, Zitrone, Grapefruit, Orange, Geranium und Muskatellersalbei empfehlenswert, denn sie haben auf den gesamten Organismus eine stärkende und aufbauende Wirkung.

Mit alternativen Heilmethoden zu neuer Lebensqualität

Bei manchen Altersbeschwerden können Hunden unterschiedliche Verfahren aus der Naturheilkunde helfen. So hält die Homöopathie mit Präparaten wie Echinacea zur Stärkung der Abwehrkräfte, Crataegus zur Anregung und Stabilisierung der Herztätigkeit und

Eine entspannende Bürstenmassage kann für einen Seniorhund das Höchste der Gefühle sein.

Naturheilverfahren wie etwa die Homöopathie helfen bei mancherlei Altersbeschwerden.

Physiotherapie für daheim

- ✓ Lassen Sie Ihren Hund abwechselnd Pfötchen geben: Dies löst Verspannungen im Schulterbereich und stärkt gleichzeitig die Muskulatur.
- ✓ Ein mehrmaliges „Sitz" und „Steh" im Wechsel entspricht den menschlichen Kniebeugen; dadurch wird mehr Muskulatur in der Hinterhand aufgebaut.
- ✓ Ein kleiner Cavaletti-Lauf fördert die Konzentration, die Koordination und den Aufbau der Beinmuskulatur. Legen Sie hierfür eine Leiter oder einige Besenstiele etwas erhöht auf den Boden und achten Sie darauf, dass Ihr wedelnder Gefährte ganz exakt eine Pfote nach der anderen in die Sprossenzwischenräume setzt.
- ✓ Pumpen Sie eine stoffbezogene Luftmatratze nicht ganz prall auf; nun stellen Sie sich und Ihren Hund darauf und treten leicht auf der Stelle. Diese flexible Unterlage fördert den Gleichgewichtssinn Ihres Vierbeiners und wirkt muskelaufbauend.
- ✓ Ein Slalom durch Ihre Beine ist für Ihren Vierbeiner eine gute Dehnübung, da sich der gesamte Hundekörper dabei beidseitig leicht u-förmig dehnt.

Bitte vergessen Sie nicht bei all diesen Übungen ausgiebiges Loben und Leckerlis zur Belohnung, schließlich soll auch eine Physiotherapie Spaß machen!

Vermiculite gegen Zahnstein und Zahnfleischentzündungen bewährte Mittel bereit. Bachblüten helfen bei Tieren mit altersbedingten Wesensveränderungen. Um das richtige Präparat für Ihren Hund zu finden, besprechen Sie sich am besten mit einem naturheilkundlich erfahrenen Tierarzt. In der Schmerztherapie erzielt die Akupunktur sehr gute Erfolge. Schmerzmittel lassen sich dadurch meist deutlich reduzieren, manchmal werden sie sogar gänzlich überflüssig. Die Akupressur ist eine Abwandlung der Akupunktur; hier ersetzen die Berührung und der Druck der Finger die Nadeln. Dies wirkt sich nicht nur sehr positiv und entspannend auf den Körper aus, sondern auch auf die Seele des Vierbeiners.
Einfache Hausmittel tun Ihrem Hundesenior ebenfalls gut. Leidet Ihr Yorkshire Terrier beispielsweise an Rheuma, legen Sie eine Wärmflasche oder ein erwärmtes Dinkel- bzw. Kirschkernkissen in den Hundekorb. Ein auf diese Weise vorgewärmtes Körbchen wirkt

Verwöhnen Sie Ihren Senior doch mal mit einigen Anwendungen aus dem Wellnessbereich.

Was ändert sich im Alter?

sich auch bei Hunden mit Gelenkproblemen sehr positiv aus. Bekommt Ihr Senior nach einer längeren Wanderung Muskelkater, schaffen Einreibungen und Umschläge mit Arnikasalbe oder verdünnter -tinktur Erleichterung. In der kalten Jahreszeit bewährt sich diese Behandlung ebenfalls bei älteren Hunden mit rheumatischen Muskel- oder Gelenkbeschwerden.

Ein weiteres sehr breites Heilungsspektrum bietet die Physiotherapie, die neben spezieller Krankengymnastik diverse Wasser-, Massage- und Magnetfeldtherapien beinhaltet. Lassen Sie also Ihren vierbeinigen Senior im Fall der Fälle neben dem eigenen Verwöhnprogramm auch von den therapeutischen Fortschritten der Tiermedizin profitieren. Er hat es sich nach Jahren treuer Freundschaft redlich verdient!

Ein Slalom durch einen Stangenparcours ist für Ihren Senior eine gute Dehnübung, da sich der gesamte Hundekörper dabei beidseitig leicht u-förmig dehnt.

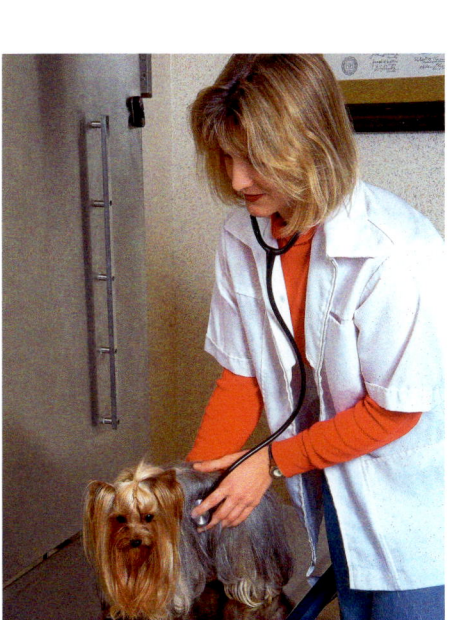

Ihren älteren Yorkie sollten Sie etwa alle sechs Monate Ihrem Tierarzt zur Altersvorsorgeuntersuchung vorstellen.

Ernährung

Im Alter ist eine entsprechend den Veränderungen des Stoffwechsels angepasste Ernährung wichtig. Stellen Sie Ihren Yorkshire Terrier langsam auf eine leichtere, energieärmere Nahrung um, damit er nicht übergewichtig und dadurch zusätzlich träge wird; immerhin sinkt der Energiebedarf Ihres Hundes im Alter um etwa 20 %. Füttern Sie drei- bis viermal am Tag, denn mehrere kleine Portionen sind leichter zu verdauen als eine Große. Achten Sie unbedingt auf die Linie Ihres Yorkies, denn

Extra-Tipp

Füttern Sie im Sommer nicht in der größten Mittagshitze: Ein voller Bauch wirkt bei großer Hitze zusätzlich kreislaufbelastend. Lassen Sie Ihren Senior nach dem Fressen mindestens 1 Stunde ruhen.

Der ältere Yorkshire Terrier

Gerade bei einem Seniorhund ist es doppelt wichtig, auf dessen Gewicht zu achten.

schlanke Hunde sind gesünder und leben länger. Im Fachhandel bekommen Sie spezielles Seniorfutter, das extra auf die Bedürfnisse und den verlangsamten Stoffwechsel alter Hunde abgestimmt ist. Für diverse Erkrankungen gibt es im Zoofachhandel oder bei Ihrem Tierarzt genau abgestimmte Diätfutter. Allgemein sollte Seniorfutter besonders schmackhaft und hochverdaulich sein. Geben Sie keine Nahrungsergänzungsmittel (Vitamine, Mineralstoffe), ohne es vorher mit Ihrem Tierarzt abgesprochen zu haben, denn auch Vitamine oder Mineralien können überdosiert schaden. Täglich frisches Trinkwasser darf natürlich nicht fehlen. Hat Ihr Hund deutlich weniger Durst, stellen Sie ihn auf Nassfutter (Dosenfutter) um oder mischen Sie seinem herkömmlichen Futter zusätzlich Wasser bei, damit er nach wie vor ausreichend mit Flüssigkeit versorgt wird.

Stecken Sie Ihrem Vierbeiner keine Süßigkeiten und Essensreste zu – dies wäre falsch verstandenes Verwöhnen und schadet älteren Hunden besonders. Belohnen Sie nur mit echten Hundeleckerlis. Inzwischen gibt es sogar schon Leckereien in Senior- oder Lightqualität.

Leckerli-Spaß für Seniorhunde

Möchten Sie Ihren Vierbeiner mal mit selbst gebackenen Leckerlis verwöhnen, dann probieren Sie folgendes Rezept aus.

Sie benötigen folgende Zutaten:
*100 g feine Senior-Hundeflocken
2 Eier
4 TL Senior-Dosenfutter*

*Alle Zutaten werden in einer Schüssel zu einem Teig verarbeitet. Daraus formen Sie nun kleine Bällchen, legen diese auf ein mit Backpapier ausgelegtes Backblech und lassen sie ca. 35 Minuten bei 175 °C im bereits vorgeheizten Backofen fest werden.
Dieses Rezept ist für jeden Hundetyp geeignet, denn ganz gleich, ob er Diätfutter braucht oder in Bezug auf Leckerli besonders wählerisch ist, Sie können dafür sein ganz normales tägliches Hundefutter verwenden. Füttern Sie normalerweise keine feinen Flocken, sondern gröberes Futter, wird dies vorher einfach in einer Küchenmaschine zerkleinert.
Damit der Spaß komplett wird, kann sich der Vierbeiner seine „Plätzchen" erarbeiten; dazu darf natürlich die richtige Verpackung nicht fehlen. Hier empfiehlt sich beispielsweise eine kleine Papiertüte oder ein ausrangiertes Stofftaschentuch. Aber auch ein alter Socken birgt, mit den Leckerlis gefüllt, einen großen Auspackspaß für den Hund und ist, geleert, anschließend auch noch ein tolles Spielzeug. Eine weitere geeignete Verpackung ist eine kleine Schachtel, beispielsweise von einer Glühbirne, oder einfach nur altes Zeitungspapier.*

Abschied

Ein Hundeleben währt leider nicht ewig und so ist auch irgendwann nach Jahren des gemeinsamen Zusammenlebens die Zeit des Abschieds gekommen. Manche Senioren schlafen einfach friedlich ein. Häufig jedoch wird der Hundebesitzer in die verantwortungsvolle Pflicht genommen, über Leben und Tod des Hundes selbst zu entscheiden. Wenn Ihr Yorkshire Terrier leidet, ihm das Leben zur Qual wird, weil selbst die Tiermedizin an ihre Grenzen kommt und ihm seine Schmerzen nicht mehr nehmen kann, ist es an der Zeit, ihn von seinem Leiden zu erlösen. Viele Tierärzte kommen hierfür auch zu Ihnen nach Hause, damit dem gebrechlichen Vierbeiner weiterer Stress durch einen unnötigen Transport erspart bleibt, und er in seiner gewohnten Umgebung ruhig und würdevoll für immer einschlafen darf.

Der Abschied von Ihrem langjährigen, treuen Begleiter ist natürlich mit großer Trauer verbunden. Haben Sie sich jedoch sein Hundeleben lang auf seine Bedürfnisse eingestellt und waren Sie in guten wie in schlechten Zeiten für ihn da, ist die Gewissheit eines erfüllten, tollen Hundelebens, das Ihr Yorkie bei Ihnen hatte, vielleicht ein kleiner Trost. Da die Trauer um

Leider ist irgendwann auch die Zeit des Abschieds gekommen.

einen geliebten Vierbeiner nicht zu unterschätzen ist, gibt es inzwischen in vielen Orten Tierfriedhöfe oder -krematorien, die durch einen ganz bewussten Abschied und einen festen Ort der Trauer, den man jederzeit besuchen kann, die Trauerarbeit und das Loslassen erleichtern. Natürlich wird Ihr verstorbener Yorkshire Terrier unersetzlich bleiben, trotzdem stellt sich Ihnen nach einiger Zeit vielleicht wieder die Frage nach einem neuen Hund. Stimmen auch dann noch alle Voraussetzungen für eine Anschaffung, ehren Sie das Andenken an Ihren Vierbeiner, indem Sie sich einen neuen Yorkie anschaffen. Doch machen Sie nicht den Fehler, ihn mit Ihrem vorigen Hund zu vergleichen. Jeder Yorkshire Terrier ist absolut einmalig und auf seine ganz eigene Weise liebenswert.

Jeder Yorkie ist ein ganz einmaliges, liebenswertes Individuum, das nicht mit einem anderen seiner Art verglichen werden sollte.

Tierbestattungen

Adressen von Tierfriedhöfen und -krematorien in Ihrer Nähe bekommen Sie über den Bundesverband der Tierbestatter e.V.: **www.tierbestatter-bundesverband.de**. *Eventuell können Ihnen aber auch Ihr Tierarzt oder der örtliche Tierschutzverein weiterhelfen.*

Hilfreiche Adressen und Links

Rassezuchtvereine

Deutschland

1. Deutscher Yorkshire Terrier Club e. V.
Gudrun Leisner
Lutherstr. 61
D-63225 Langen
Tel: 0700-122 00 122
Fax: 06103-57 38 55
www.yorkshire-terrier-club.de

Club für Yorkshire Terrier e. V.
Roman Alraun
Am Karpfenteich 11
D-31535 Neustadt
Tel/Fax: 05072-78 48 60
www.clubfueryorkshireterrier.de

Klub für Terrier e. V. (KfT)
Heike Rühl (Geschäftsstelle/Welpenvermittlung)
Schöne Aussicht 9
D-65451 Kelsterbach
Tel: 06107-757910
www.kft-online.de

Österreich

Österreichischer Yorkshire Terrier Klub
Silvia Müller
(Welpenvermittlung)
Maderspergerstr. 20
A-2230 Gänserndorf
Tel/Fax: 0043-(0)2282-70 726
www.yorkie-klub.at

Schweiz

Schweizerischer Zwerghunde Club SZC
Elsbeth Clerc
Im Gätterli 6
CH-4632 Trimbach
Tel: 0041-(0)62-293 07 67
Fax: 0041-(0)62-293 07 68
www.zwerghundeclub.ch

Kynologenverbände

Verband für das Deutsche Hundewesen (VDH)
(Geschäftsstelle)
Westfalendamm 174
D-44141 Dortmund
Tel: 0231-565 00-0
Fax: 0231-59 24 40
www.vdh.de

Österreichischer Kynologenverband (ÖKV)
(Geschäftsstelle)
Siegfried-Marcus-Str. 7
A-2362 Biedermannsdorf
Tel: 0043-(0)2236-71 06 67
Fax: 0043-(0)02236-71 06 67-30
www.oekv.at

Schweizerische Kynologische Gesellschaft (SKG)
(Geschäftsstelle)
Brunnmattstr. 24
CH-3007 Bern
Tel: 0041-(0)31-306 62 62
Fax: 0041-(0)31-306 62 60
www.hundeweb.org

Haustierregister

Deutscher Tierschutzbund e. V.
(Geschäftsstelle)
Baumschulallee 15
D-53115 Bonn
Tel: 0228-60 49 60
Fax: 0228-60 49 640
www.tierschutzbund.de

TASSO e. V.
Haustierzentralregister
Frankfurter Str. 20
D-65795 Hattersheim
Tel: 06190-93 73 00
Fax: 06190-93 74 00
www.tiernotruf.org

Internationale Zentrale Tierregistrierung (IFTA)
Nördliche Ringstr. 10
D-91126 Schwabach
Tel: 00800-43 82 00 00
Fax: 09122-88 51 989
www.tierregistrierung.de

Interessante Links zu Internetseiten rund um den Hund:

www.partner-hund.de
www.hundefinder.de/hundeschulen
www.ferien-mit-hund.de
www.flughund.de
www.haustierratgeber.de

Der Verlag ist nicht für den Inhalt von Internetseiten und deren Links verantwortlich.

Haftungsausschluss: In diesem Buch sind die Namen von Medikamenten, die zugleich eingetragene Warenzeichen sind, als solche nicht besonders kenntlich gemacht. Es kann also aus der Bezeichnung der Ware mit dem für diese eingetragenen Warenzeichen nicht geschlossen werden, dass die Bezeichnung ein freier Warenname ist. Die Markennamen wurden nur beispielhaft aufgeführt. Hinsichtlich der in diesem Buch angegebenen Dosierungen von Medikamenten usw. wurde die größtmögliche Sorgfalt beachtet. Gleichwohl werden die Leser aufgefordert, die entsprechenden Beipackzettel der Hersteller zur Kontrolle heranzuziehen. Die beispielhafte Auflistung von Medikamenten bzw. Wirkstoffen ist kein Beweis dafür, dass diese in Deutschland zugelassen sind. Der behandelnde Tierarzt ist aufgefordert, die jeweilige (Zulassungs-)Situation zu überprüfen.

Dank

Mein herzlicher Dank gilt Regina Wnuk und ihrem Zwinger „von Ümmingen" (Bochum) für die fachliche Mitarbeit und Beratung.

Ein großer Dank geht außerdem an Karin van Klaveren (www.kvk-fotografie.de und www.kisangani.de) für ihre einmaligen, direkt aus dem Leben gegriffenen Fotos. Ihre Bilder stellen immer wieder eine große Bereicherung für die Premium-Ratgeber-Reihe dar.

„Tierfotografie Brinkmann" (www.brinkmanntierfoto.de) und allen zwei- und vierbeinigen Modells möchte ich für die professionelle Bebilderung danken, die sehr zur Lebendigkeit dieses Buches beiträgt.

Der Firma Trixie danke ich für die freundliche Bereitstellung sämtlichen Hundezubehörs und Vroni Reisinger für die fotografische Unterstützung.

Ein weiteres dickes Dankeschön geht an Ingrid Heindl (www.tierphysiotherapie-bayern.de) und Dr. med. vet. Susanne Winhart. Ihr fachlicher und persönlicher Rat war mir bei der Erstellung des Skriptes eine große Hilfe.

Außerdem danke ich ganz besonders Familie Schmitt und Tobias Volg für ihren steten Rückhalt in allen Fragen und Bereichen sowie meinen Redaktionshunden „Luzie" und „Peggy" für ihr beruhigendes Schnarchen während meiner Arbeit und unsere gemeinsamen, entspannenden Spaziergänge und Spielrunden zwischendurch.

Annette Schmitt

Bildnachweis

Alle Bilder im Innenteil von Bernd Brinkmann, außer:
Isabelle Francais, Seiten: 29, 33 unten, 34, 41 unten, 44re., 55, 69 unten, 71(2), 73 unten, 74 oben, 84, 111, 123li.
Karin van Klaveren, Seiten: 33 oben, 44li., 45, 46, 48 oben, 53 unten li., 56 unten li., 95, 108, 125 oben
Annette Schmitt, Seiten: 41 oben, 74 unten, 76(2), 79, 124 unten
Christine Steimer, Seite: 105 oben
Trixie, Seiten: 35(2), 36(2), 37(4), 38(3), 39(4), 50(3), 51(2), 72(1), 109(1)
Titelfoto: Thomas Mangold/CGJ Photography

Wir danken der Firma TRIXIE Heimtierbedarf GmbH & Co. KG für das Zurverfügungstellen der Bilder.

Register

Abenteuerspielplatz 46, 50
Agility 18, 86
Akupressur 75, 122
Alleinbleiben 57
Altersbeschwerden 121
Apportierspiele 93
Augenpflege 71
Auto 37, 47, 96, 99
Bachblüten 54, 74, 122
Begleithundeprüfung 86
Bellen 61, 67
Beschäftigungstipps 38, 57, 86, 119
Betteln 60, 81
Bleib 64
Dogdancing 88
Eingewöhnung 25, 31, 43
Entwurmung 73, 106
Erste Hilfe 94
Fahrradtour 89
Fellpflege 21, 37, 69
Flegelphase 40, 58
Futterklau 60
Futterumstellung 43, 81
Fütterung 44, 78, 80
Grundkommandos 62
Haarbruch 69
Haarspange 37, 111
Hausapotheke 107
Hier 65
Homöopathie 74, 105, 113, 121
Hundepension 97, 103
Hundeschule 25, 44, 49
Hundesport 18, 86, 88
Impfungen 73, 105
Junghund 40, 58
Kastration 28, 29
Knabberspielsachen 60
Läufigkeit 27, 29
Lebenserwartung 19
Leckerli 50, 57, 79, 81, 124
Leinenführigkeit 54, 55, 83
Lob 66
Magendrehung 90, 92
Massage 70, 75, 120
Mobility 18, 88
Ohrenpflege 70, 71
Osteopathie 114

Pfotenpflege 69, 70
Phytotherapie 113
Platz 63
Reiseapotheke 101
Schlafplatz 36, 73
Schnüffelspiele 93, 120
Seniorfutter 124
Seniorhund 116
Sitz 62
Spielen 50, 91, 116, 119
Spielzeug 37, 38, 92, 95
Springen auf Möbel 61
Stubenreinheit 53

Tierbestattungen 125
Tierheimhund 30, 43
Trickdogging 18, 87
Turnierhundesport 86
Unsauberkeit 54
Verhaltensauffälligkeiten 28, 67
Verhütung 28
Welpe 23, 40, 68, 72, 91
Welpenfutter 36
Zahnkontrolle 71, 121
Zahnwechsel 71, 72
Zubehör 35
Züchter 15, 31, 32, 42, 103

Hinweis: Die in diesem Buch enthaltenen Empfehlungen und Angaben sind von den Autoren mit größter Sorgfalt zusammengestellt und geprüft worden. Eine Garantie für die Richtigkeit der Angaben kann aber nicht gegeben werden. Autoren und Verlag übernehmen keinerlei Haftung für Schäden und Unfälle. Der Leser sollte bei der Anwendung der in diesem Buch enthaltenen Empfehlungen sein persönliches Urteilsvermögen einsetzen.
Der Verlag Eugen Ulmer ist nicht verantwortlich für die Inhalte der im Buch genannten Websites.

Impressum

Bibliografische Information der Deutschen Nationalbibliothek
Die Deutsche Nationalbibliothek verzeichnet diese Publikation in der Deutschen Nationalbibliografie; detaillierte bibliografische Daten sind im Internet über http://dnb.d-nb.de abrufbar.

Das Werk einschließlich aller seiner Teile ist urheberrechtlich geschützt. Jede Verwertung außerhalb der engen Grenzen des Urheberrechtsgesetzes ist ohne Zustimmung des Verlages unzulässig und strafbar. Das gilt insbesondere für Vervielfältigungen, Übersetzungen, Mikroverfilmungen und die Einspeicherung und Verarbeitung in elektronischen Systemen.

© 2013 Eugen Ulmer KG
Wollgrasweg 41, 70599 Stuttgart (Hohenheim)
E-Mail: info@ulmer.de
Internet: www.ulmer.de
Umschlagentwurf: Sojus Design, Kai Twelbeck, Stuttgart
Satz: r&p digitale medien, Echterdingen
Repro: timeray, Herrenberg
Druck und Bindung: Firmengruppe Appl, aprinta Druck, Wemding, Germany
Printed in Germany

ISBN 978-3-8001-6723-4